"十四五"职业教育国家规划教材

木业自动化设备PLC应用技术

主 编 刘振明 丰 波 付建林

副主编 田 刚 邵自力 王 杰

主 审 袁继池

北京理工大学出版社
BEIJING INSTITUTE OF TECHNOLOGY PRESS

内 容 简 介

本书是湖北生态工程职业技术学院与荆门万华禾香板业有限公司合作开发，依据现场工作情景任务，立足于高职木业智能设备类 PLC 实训教学的需要，突出学生岗位职业能力培养的活页式教材。全书依据西门子 PLC 主要内容分为三大项目：位逻辑指令及其应用、数据处理指令及其应用、模拟量与脉冲量及其应用等内容。依据实际任务分为砂光除尘器排料电动机点动运行控制、板材修边锯连续运行控制、表层料正反转螺旋电动机正反转运行控制、板材运输滚筒循环启停运行控制等。

本书适合作为高职院校木业智能装备应用技术等专业相关课程的教学用书，也可作为相关工程技术人员培训和自学的参考书。

版权专有　侵权必究

图书在版编目（CIP）数据

木业自动化设备 PLC 应用技术 / 刘振明，丰波，付建林主编. -- 北京：北京理工大学出版社，2021.8（2023.8 重印）
ISBN 978-7-5763-0274-5

Ⅰ.①木… Ⅱ.①刘… ②丰… ③付… Ⅲ.①园林-工程-自动化设备-PLC 技术 Ⅳ.①TU986.3-39

中国版本图书馆 CIP 数据核字（2021）第 177683 号

出版发行 / 北京理工大学出版社有限责任公司	
社　　址 / 北京市海淀区中关村南大街 5 号	
邮　　编 / 100081	
电　　话 /（010）68914775（总编室）	
（010）82562903（教材售后服务热线）	
（010）68944723（其他图书服务热线）	
网　　址 / http://www.bitpress.com.cn	
经　　销 / 全国各地新华书店	
印　　刷 / 河北盛世彩捷印刷有限公司	
开　　本 / 787 毫米 × 1092 毫米　1/16	
印　　张 / 11.25	责任编辑 / 陈莉华
字　　数 / 263 千字	文案编辑 / 陈莉华
版　　次 / 2021 年 8 月第 1 版　2023 年 8 月第 2 次印刷	责任校对 / 周瑞红
定　　价 / 60.00 元	责任印制 / 施胜娟

图书出现印装质量问题，请拨打售后服务热线，本社负责调换

前　言

2019 年，教育部先后印发《国家职业教育改革实施方案》《关于组织开展"十三五"职业教育国家规划教材建设工作的通知》《职业院校教材管理办法》，明确提出建设一大批校企"双元"合作开发的国家规划教材，倡导使用新型活页式、工作手册式教材并配套开发信息化资源。为贯彻落实党的二十大精神，推动制造业高端化、智能化、绿色化发展，推进新型工业化，加快建设制造强国，结合市场调研和专家论证的基础上列出了 3 个项目 11 个任务，在行业和院校专家的指导下完成了本书的撰写。

本教材重点突出以下几个特点：

（1）育人的思政性：为深入贯彻落实立德树人、教书育人的根本任务，扎实推进党的领导、习近平新时代中国特色社会主义思想进课程、进教材，本教材通过真实情景描述和任务实施，培养学生运用技能、规范操作、安全第一的职业素养和职业精神；通过介绍我国 PLC 技术发展成就，引导学生坚定"四个自信"，厚植爱国主义情怀，追求知行合一、学以致用；通过引入大国工匠案例，大力弘扬劳动光荣、技能宝贵、创造伟大的时代风尚，引导学生锤炼品格、精益求精、创新思维和奉献祖国。

（2）内容的针对性：通过查阅资料，目前出版的关于 PLC 方面的教材基本是针对所有机电相关专业的内容，并没有单独细分针对木工设备的 PLC 应用教材，且大多偏向于理论化，不适应职业院校教学规律，而少数偏向实操的教材也没有和一线实际案例结合起来。

（3）知识的实用性：本教材联合万华禾香板业（荆门）有限责任公司，针对木业加工行业的设备应用中的 PLC 技术进行了一定的梳理，并根据生产过程设计了一些典型实际案例让学生能够在学习中更贴近岗位。在人才培养过程中，根据实际案例项目化教学锻炼学生 PLC 编程和调试设备的能力，在"做中学，学中做"，培养学生发现问题、解决问题的能力，在解决问题的过程中掌握 PLC 技术，为木业智能装备应用技术专业的学徒制建设打下坚实的基础。

（4）教材的新颖性：本教材以单个任务为单元组织教学，以活页的形式将任务贯穿起来，强调在知识的理解与掌握基础上的实践和应用，引导学生在完成任务的过程中查找资料解决问题，培养学生掌握一定理论的基础上，具有较强的实践能力和团队协作意识。"以项目为主线、教师为引导、学生为主体"，改变了以往"教师讲，学生听"被动的教学模式，创造了学生主动参与、自主协作、探索创新的新型教学模式。

本书由湖北生态工程职业技术学院刘振明、丰波和万华禾香板业（荆门）有限责任公司付建林担任主编，荆门万华禾香板业有限责任公司田刚和湖北生态工程职业技术学院邵自力、王杰担任副主编。项目一中任务一、任务三由刘振明编写，项目一中任务二、项目二中任务一、项目三中任务一由丰波编写，项目三中任务二、任务三由付建林编写，项目一中任务四由田刚编写，项目二中任务二、任务三由邵自力编写，项目二中任务四由王杰编写。本书的策划工作和统稿工作由刘振明、丰波完成，湖北生态工程职业技术学院袁继池教授担任了本书的主审。本书的活页式教材编写思路也离不开湖北生态工程职业技术学院杨旭、袁芬、陈静、张驰的悉心指导。由于编者水平有限，书中难免存在不妥之处，恳请读者批评指正，读者意见反馈邮箱：1163474891@qq.com。本书内容如不慎侵权，请来信告知。

编　者

目　　录

项目一　位逻辑指令及其应用 … 1

　　任务一　砂光除尘器排料电动机点动运行控制 … 2
　　任务二　板材修边锯连续运行控制 … 25
　　任务三　表层料正反转螺旋电动机正反转运行控制 … 40
　　任务四　板材运输滚筒循环启停运行控制 … 54

项目二　数据处理指令及其应用 … 67

　　任务一　跑马灯系统控制 … 68
　　任务二　九秒倒计时运行控制 … 86
　　任务三　运输滚筒对应不同型号板材的运行速度控制 … 100
　　任务四　闪光频率控制 … 111

项目三　模拟量与脉冲量及其应用 … 123

　　任务一　监测热油管道温度 … 124
　　任务二　管道热油的 PID 控制 … 137
　　任务三　步进电动机控制 … 155

参考文献 … 174

目 次

项目一　位逻辑指令及其应用

 拓展阅读

"中国制造"迈向"中国创造"

十年来，我国装备制造业取得了历史性成就、发生了历史性变革。

一是产业规模持续扩张。2012—2021年，装备工业增加值年均增长8.2%，始终保持中高速；特别是今年以来克服疫情影响率先回升，拉动制造业较快恢复。至2021年底，装备工业规模以上企业达10.51万家，比2012年增长近45.30%；资产总额、营业收入、利润总额分别达到28.83、26.47和1.57万亿元，比2012年增长92.97%、47.76%、28.84%。

二是产业结构持续优化。2021年，装备工业中战略性新兴产业相关行业实现营业收入20万亿元，同比增长18.58%。造船三大指标保持领先，国际市场份额连续12年居世界第一。汽车保有量从2012年的1.2亿辆增长到3.1亿辆，新能源汽车产销量连续7年稳居世界第一。

三是"大国重器"亮点纷呈。C919试飞、"蛟龙"潜海、双龙探极。百万千瓦水轮发电机组白鹤滩水电站顺利投产；"华龙一号"三代核电机组全面建成投运并实现"走出去"；国产首制大型邮轮实现主发电机动车。

我国启动的"中国制造2025"规划以体现信息技术与制造技术深度融合的数字化网络化智能化制造为主线。主要包括八项战略对策：推行数字化网络化智能化制造；提升产品设计能力；完善制造业技术创新体系；强化制造基础；提升产品质量；推行绿色制造；培养具有全球竞争力的企业群体和优势产业；发展现代制造服务业。

任务一　砂光除尘器排料电动机点动运行控制

任务清单

项目名称	任务清单内容
任务情境	砂光机在工作过程中会产生大量粉尘，需要配备专门使用的砂光粉布袋除尘器来进行处理，砂光粉布袋除尘器在运行时会一直排料到回收料场，当作燃料进入锅炉焚烧。当除尘器排料系统出现故障，发生堵料情况时，需要手动操作按下按钮控制电动机点动运行，启动开启卸料转阀，再点动启动螺杆进行卸料。那么如何用 PLC 实现电动机的点动运行控制呢？
任务目标	1）掌握 PLC 基础知识，了解其在科技强国中的角色； 2）掌握程序运行过程； 3）会进行 I/O 地址的分配； 4）会正确进行 PLC 外围硬件的接线； 5）会用编程软件进行点动程序的编写和运行。
素质目标	宣传国家先进的装备制造业技术，增加学生学习的使命感与责任感。
任务要求	发出命令的元器件是一个点动按钮，作为 PLC 的输入量；执行命令的元器件就是一个交流接触器，通过它的主触点可将三相异步电动机与三相交流电源接通，从而实现电动机的点动运行控制，其线圈作为 PLC 的输出量。按下点动按钮，交流接触器线圈就能得电；松开点动按钮，交流接触器线圈又会失电。那么，在按钮及交流接触器线圈之间有没有电气连接的情况？
任务分组	班级｜组号｜指导老师 组长｜学号 组员：姓名｜学号｜姓名｜学号

项目名称	任务清单内容
任务准备	**引导问题 1** PLC 的定义以及 S7–1200 PLC 的结构是什么？ _____ _____ _____ _____ **引导问题 2** S7–1200 PLC 主要有哪些扩展模块？ _____ _____ _____ _____ **引导问题 3** 如图 1–1–1 所示的电动机接触器控制点动运行的工作原理是什么？ 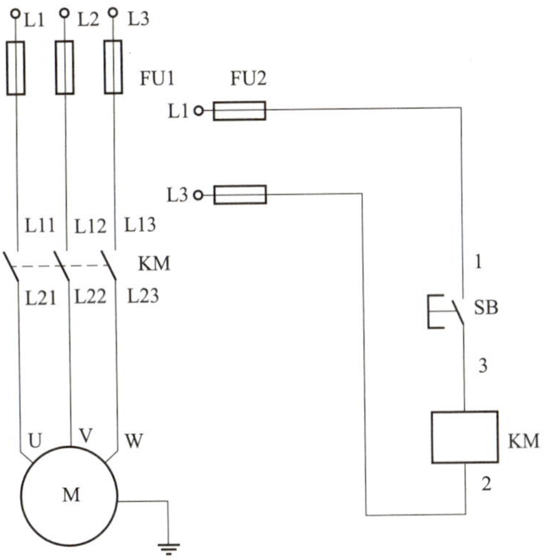 图 1–1–1　电动机点动控制线路原理图 _____ _____ _____ _____

项目名称	任务清单内容
任务准备	**小提示**：① 回顾交流接触器工作原理；② KM 线圈和 KM 触头是一个整体，不要分割来看；③ 注意启动和停止按钮均为点动。 **引导问题 4** 电动机点动运行接触器控制转换成 PLC 实现电动机点动控制的设计思路是什么？（其设计图如图 1-1-2 所示） ——————————————————————— ——————————————————————— **小提示**：① 主电路不变；② 控制电路中继电器转换成 PLC；③ 梳理清楚控制电路中的输入和输出。 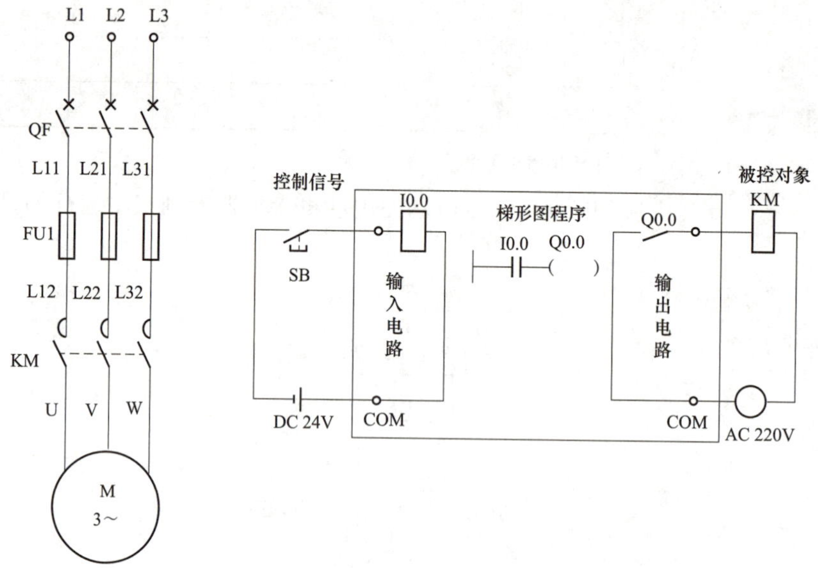 图 1-1-2 电动机点动继电器控制转换成 PLC 控制设计图 **引导问题 5** S7-1200 PLC 中输入和输出（I/O）的意义是什么？ ——————————————————————— ———————————————————————

项目名称	任务清单内容
任务准备	**引导问题 6** S7–1200 PLC 编程软件中的输入和输出如何用指令表示？ _____ _____ _____
任务实施	**1. 分配 I/O** 根据任务要求，对输入量、输出量进行梳理，完成表 1–1–1。 表 1–1–1　电动机点动运行控制输入/输出表 | 输入	输出
	| 小提示：① 主动进行控制的按钮为输入；② 进行电路保护的元器件热继电器也为输入；③ 被动进行的电动机为输出。 电动机点动运行控制 **2. 连接 PLC 硬件线路** （1）接线工艺要求 1）布线通道要尽可能_____，同路并行导线按主、控电路分类集中，单层密排，紧贴安装面布线。 2）同一平面的导线应高低一致或前后一致，不能交叉。非交叉不可时，该根导线应在接线端子_____时，就水平架空跨越，但必须走线合理。 3）布线应_____，_____，变换走向时应_____。 4）布线时严禁损伤_____和导线_____。 5）布线顺序一般以_____为中心，按由里向外、由低至高，先_____电路、后_____电路的顺序进行，以不妨碍后续布线为原则。 6）在每根剥去绝缘层导线的两端套上_____所有从一个接线端子（或接线桩）到另一个接线端子（或接线桩）的导线必须_____中间_____。 7）导线与接线端子或接线桩连接时，不得_____、不_____，及不_____。 8）同一元件、同一回路的不同接点的导线间距离应_____。

项目名称	任务清单内容
任务实施	9)一个电气元件接线端子上的连接导线不得多于_____根,每节接线端子板上的连接导线一般只允许连接_____根。 (2)连接 PLC 外部线路 在图 1-1-3 中完成电动机点动控制 PLC 外部接线。 S7-1200 PLC 外部接线图 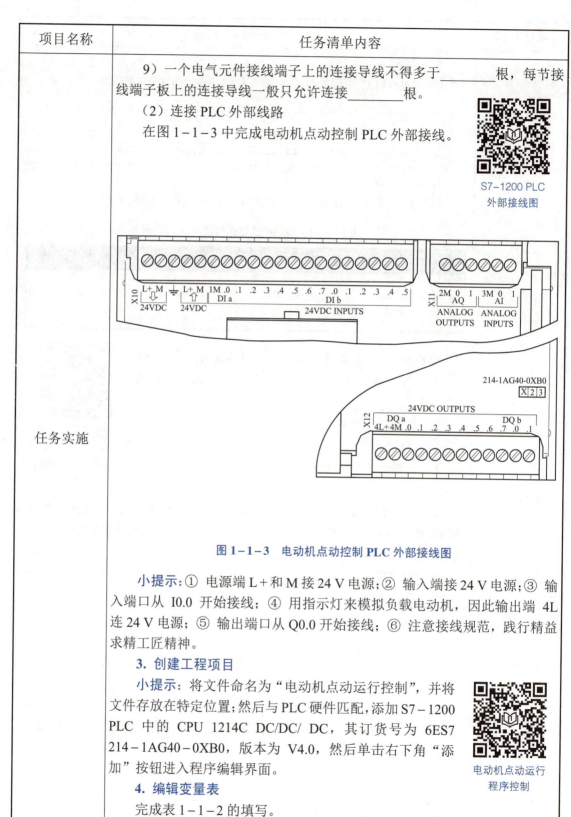 图 1-1-3 电动机点动控制 PLC 外部接线图 小提示:① 电源端 L+和 M 接 24 V 电源;② 输入端接 24 V 电源;③ 输入端口从 I0.0 开始接线;④ 用指示灯来模拟负载电动机,因此输出端 4L 连 24 V 电源;⑤ 输出端口从 Q0.0 开始接线;⑥ 注意接线规范,践行精益求精工匠精神。 **3. 创建工程项目** 小提示:将文件命名为"电动机点动运行控制",并将文件存放在特定位置;然后与 PLC 硬件匹配,添加 S7-1200 PLC 中的 CPU 1214C DC/DC/DC,其订货号为 6ES7 214-1AG40-0XB0,版本为 V4.0,然后单击右下角"添加"按钮进入程序编辑界面。 电动机点动运行程序控制 **4. 编辑变量表** 完成表 1-1-2 的填写。

项目名称	任务清单内容
任务实施	表 1–1–2 电动机点动运行控制 I/O 分配表 | 输入			输出		
---	---	---	---	---	---
名称	数据类型	地址	名称	数据类型	地址
						  小提示：I/O 点位要和硬件接线 I/O 端子对应起来。 **5. 撰写梯形图程序** 创建项目后添加 PLC 设备，单击项目视图，然后在左侧单击 main 程序块进行编辑。 小提示： PLC 移植设计法，如图 1–1–4 所示。 图 1–1–4 继电接触器控制转化为 PLC 梯形图设计思想 **6. 下载程序并试机** **引导问题 7** 1）软件中在哪里设置 PLC 的 IP 地址？ 2）若 PLC 的 IP 地址为 192.168.1.0，电脑的 IP 地址设置成多少才能使程序下载到实体 PLC 中去？

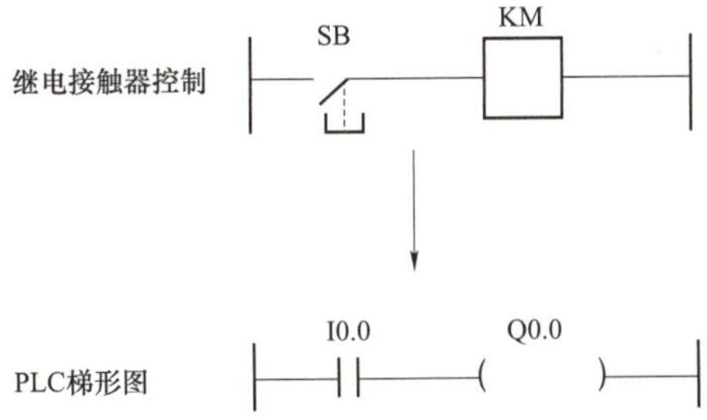

项目名称	任务清单内容
任务实施	3）按下启动按钮，检验电动机是否按照要求运行。 **小提示**：电脑和 PLC 的 IP 地址必须在一个网段内，且不能相同，才能使 PLC 程序下载到 PLC 实体中。 **引导问题 8** 描述控制分析过程： **小提示**：① 接通低压断路器 QF，按下按钮 SB 后分析后续相关动作；② 松开按钮 SB 后会引起线圈失电，分析后续相关动作。
任务总结	通过完成上述任务，你学到了哪些知识和技能？

项目名称	任务清单内容
任务评价	各组代表展示作品，介绍任务的完成过程，并完成评价表 1-1-3～表 1-1-5。 表 1-1-3　学生自评表 班级：　　　　姓名：　　　　学号： 任务：砂光除尘器排料电动机点动运行控制 	评价项目	评价标准	分值	得分
---	---	---	---
完成时间	60 分钟满分，每多 10 分钟减 1 分	10	
理论填写	正确率 100% 为 20 分	10	
接线规范	操作规范、接线美观正确	20	
技能训练	程序正确编写满分为 20 分	20	
任务创新	是否用另外编程思路完成任务	10	
工作态度	态度端正，无迟到、旷课	10	
职业素养	安全生产、保护环境、爱护设施	20	
合计		100	| 表 1-1-4　学生互评表 任务：砂光除尘器排料电动机点动运行控制 | 评价项目	分值	等级				评价对象___组
---	---	---	---	---	---	---
计划合理	10	优 10	良 8	中 6	差 4	
方案准确	10	优 10	良 8	中 6	差 4	
团队合作	10	优 10	良 8	中 6	差 4	
组织有序	10	优 10	良 8	中 6	差 4	
工作质量	10	优 10	良 8	中 6	差 4	
工作效率	10	优 10	良 8	中 6	差 4	
工作完整性	10	优 10	良 8	中 6	差 4	
工作规范性	10	优 10	良 8	中 6	差 4	
成果展示	20	优 20	良 16	中 12	差 8	
合计	100						

项目名称	任务清单内容			
任务评价	表1-1-5 教师评价表			
	班级：　　　　姓名：　　　　学号：			
	任务：砂光除尘器排料电动机点动运行控制			
	评价项目	评价标准	分值	得分
	考勤10%	无迟到、旷课、早退现象	10	
	完成时间	60分钟满分，每多10分钟减1分	10	
	理论填写	正确率100%为20分	10	
	接线规范	操作规范、接线美观正确	20	
	技能训练	程序正确编写满分为20分	10	
	任务创新	是否用另外编程思路完成任务	10	
	协调能力	与小组成员之间合作交流	10	
	职业素养	安全生产、保护环境、爱护设施	10	
	成果展示	能准确表达、汇报工作成果	10	
	合计		100	
	综合评价	自评（20%）	小组互评（30%）	教师评价（50%）	综合得分

知识准备

（一）点动运行的接触器线路控制

点动控制是指按下启动按钮，电动机就得电运转；松开按钮，电动机失电停止运转。点动运行控制常用于机床模具的对模、工件位置的微调、电动葫芦的升降及机床维护与调试时对电动机的控制。

三相异步电动机的点动运行控制电路常用按钮和接触器等元件来实现，如图1-1-1所示。当按钮SB按下时，交流接触器KM的线圈得电，其主触点闭合，为电动机引入三相电源，电动机M接通电源后则直接启动并运行；当松开按钮SB时，KM线圈失电，其主触点断开，电动机停止运行。

在点动运行控制电路中，由熔断器FU1、交流接触器KM的主触点及三相交流异步电动机M组成主电路部分；由熔断器FU2、启动按钮SB、交流接触器KM的线圈等组成控制电路部分。利用PLC实现点动运行控制，主要针对控制电路进行，主电路则保持不变。

（二）布线工艺要求

1）布线通道尽可能少，同路并行导线按主、控电路分类集中，单层密排，紧贴安装面布线。

2）同一平面的导线应高低一致或前后一致，不能交叉。非交叉不可时，该根导线应在接线端子引出时就水平架空跨越，但必须布线合理。

3）布线应横平竖直，分布均匀。变换走向时应垂直。

4）布线时严禁损伤线芯和导线绝缘。

5）布线顺序一般以接触器为中心，按由里向外，由低至高，先控制电路后主电路顺序进行，以不妨碍后续布线为原则。

6）每根剥去绝缘层导线的两端套上编码套管。所有从一个接线端子（或接线桩）到另一个接线端子（或接线桩）的导线必须无中间接头。

7）导线与接线端子（或接线桩）连接时，应不压绝缘层、不反圈及不露铜过长。

8）同一元件、同一回路的不同接点的导线间距离应保持一致。

9）一个电气元件接线端子上的连接导线不得多于两根，每节接线端子板上的连接导线一般只允许连接一根。

（三）常开触点及线圈指令

S7-1200 基本位逻辑指令

（1）常开触点指令

常开触点指令如图 1-1-5 所示，常开触点的激活取决于相关操作数的信号状态。当操作数的信号状态为"1"时，常开触点将关闭，同时输出的信号状态置位为输入的信号状态。

—| |—

图 1-1-5　常开触点指令

当操作数的信号状态为"0"时，不会激活常开触点，同时该指令输出的信号状态复位为"0"。两个或多个常开触点串联时，将逐位进行"与"运算。串联时，所有触点都闭合后才产生信号流。常开触点并联时，将逐位进行"或"运算。并联时，有一个触点闭合就会产生信号流。

如表 1-1-6 列出了常开触点指令参数表。

表 1-1-6　常开触点指令参数表

参数	声明	数据类型	存储区	说明
<操作数>	Input	Bool	I、Q、M、D、L 或常量	要查询其信号状态的操作数

（2）线圈指令

线圈指令如图 1-1-6 所示，如果线圈输入的逻辑运算结果（RLO）的信号状态为"1"，则将指定操作数的信号状态置位为"1"。如果线圈输入的信号状态为"0"，则指定操作数的位将复位为"0"。该指令不会影响 RLO。线圈输入的 RLO 将直接发送到输出。

—( )—

图 1-1-6　线圈指令

如表1-1-7列出了线圈指令参数表。

表1-1-7 线圈指令参数表

参数	声明	数据类型	存储区	说明
<操作数>	Output	Bool	I、Q、M、D、L	要赋值给RLO的操作数

（四）编程软件博途基本操作

（1）创建项目

单击启动博途软件后，在启动界面单击"创建新项目"，然后修改"项目名称"，并将"路径"选择为新建好的文件夹，最后单击右下角"创建"按钮，如图1-1-7所示。

图1-1-7 创建工程项目

（2）添加CPU

创建完项目后，在新界面中单击"设备与网络"，然后单击"添加新设备"→"控制器"，在下拉列表中选择与实际PLC硬件相同的CPU，最后单击右下角"添加"按钮，如图1-1-8所示。

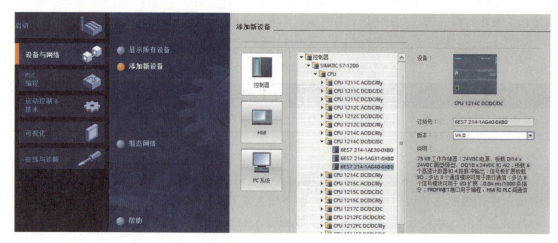

图1-1-8 添加CPU

项目一 位逻辑指令及其应用

（3）编辑变量表

添加完 CPU 后，进入程序主界面，最开始要设计 I/O 变量表。单击"PLC 变量"→"显示所有变量"，然后在 PLC 变量表中编辑变量，此任务中输入和输出均为 Bool 型变量，如图 1-1-9 所示。

图 1-1-9 编辑变量表

（4）main 程序块中编辑程序

设置完变量表后，开始编写程序，单击"程序块"，由于任务程序较简单，可直接单击"Main"程序块编写程序，如图 1-1-10 所示。

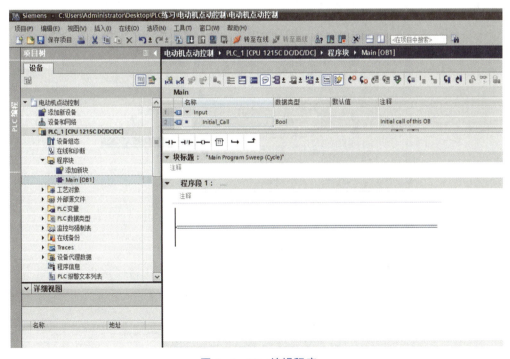

图 1-1-10 编辑程序

（5）编译程序

编写完程序后，在任务栏中单击"编译"功能图标，进行程序编译，检查程序是否正确，如图 1-1-11 所示。

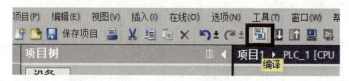

图 1-1-11　编译程序

（6）设置 PLC 的 IP 地址

编译完程序后，需设置 IP 地址。单击"PLC_1【CPU 1214C DC/DC/DC】"，单击右键，在弹出的快捷菜单中选择"属性"，单击"以太网地址"，在"IP 协议"中设置 IP 地址。在此注意，设置 PLC 的 IP 地址一定要和电脑本地 IP 地址在一个网段内（即地址前三部分要相同），但最后一部分一定不能相同，如图 1-1-12 和图 1-1-13 所示。

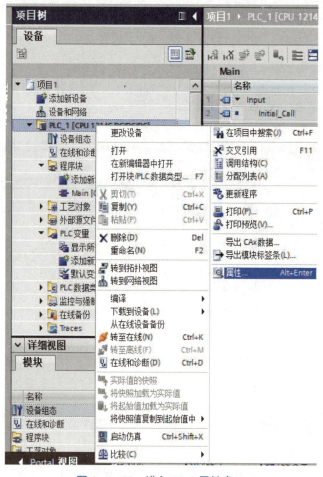

图 1-1-12　进入 PLC 属性窗口

项目一　位逻辑指令及其应用

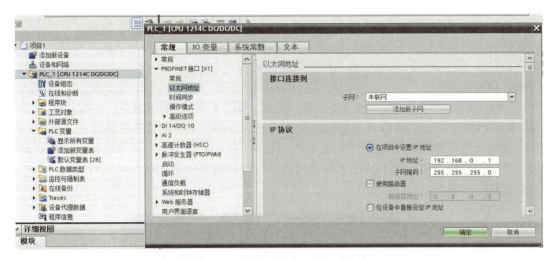

图 1-1-13　编辑 PLC 的 IP 地址

（7）下载程序

设置完 IP 地址后，单击工具栏中的"下载"图标，然后在出现的界面中，"PG/PC 接口的类型"选择"PN/PE"，在"PG/PC 接口"中选取本地网卡，然后单击"开始搜索"按钮，搜索到 PLC 硬件后，单击"下载"图标，如图 1-1-14 所示。

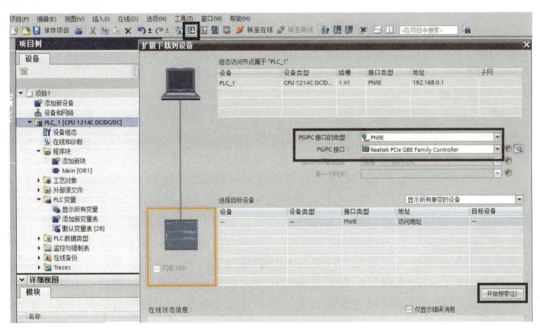

图 1-1-14　下载程序

（五）S7-1200 PLC 简介

1. S7-1200 PLC 的硬件结构

本书以西门子新一代 S7-1200 PLC 为主要讲授对象。S7-1200 PLC 是

S7-1200 的功能与特点

小型 PLC，它主要由 CPU 模块（简称为 CPU）、信号板、信号模块、通信模块和编程软件组成，各种模块安装在标准 DIN 导轨上。S7-1200 PLC 的硬件组成具有高度的灵活性，用户可以根据自身需求确定 PLC 的结构，系统扩展十分方便。

（1）CPU 模块

S7-1200 PLC 的 CPU 模块将微处理器、电源、数字量输入/输出电路、模拟量输入/输出电路、PROFINET 以太网接口、高速运动控制功能组合到一个设计紧凑的外壳中。每块 CPU 内可以安装一块信号板（见图 1-1-15），安装以后不会改变 CPU 的外形和体积。微处理器相当于人的大脑和心脏，它不断地采集输入信号，执行用户程序，刷新系统的输出，存储器用来储存程序和数据。

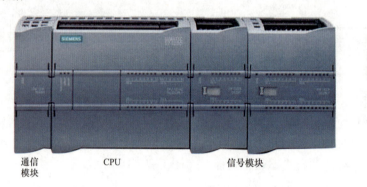

图 1-1-15　S7-1200 PLC

S7-1200 PLC 集成的 PROFINET 接口用于与编程计算机、HMI（人机界面）、其他 PLC 或其他设备通信。此外它还通过开放的以太网协议支持与第三方设备的通信。

（2）信号模块

输入（Input）模块和输出（Output）模块简称为 I/O 模块，数字量（又称为开关量）输入模块和数字量输出模块简称为 DI 模块和 DQ 模块，模拟量输入模块和模拟量输出模块简称为 AI 模块和 AQ 模块，它们统称为信号模块，简称为 SM。信号模块安装在 CPU 模块的右边，扩展能力最强的 CPU 可以扩展 8 个信号模块，以增加数字量和模拟量输入、输出点。信号模块是系统的眼、耳、手、脚，是联系外部现场设备和 CPU 的桥梁。输入模块用来接收和采集输入信号，数字量输入模块用来接收从按钮、选择开关、数字拨码开关、限位开关、接近开关、光电开关、压力继电器等来的数字量输入信号。模拟量输入模块用来接收电位器、测速发电机和各种变送器提供的连续变化的模拟量电流、电压信号，或者直接接收热电阻、热电偶提供的温度信号。数字量输出模块用来控制接触器、电磁阀、电磁铁、指示灯、数字显示装置和报警装置等输出设备，模拟量输出模块用来控制电动调节阀、变频器等执行器。

CPU 模块内部的工作电压一般是 DC 5 V，而 PLC 的外部输入输出信号电压一般较高，例如 DC 24 V 或 AC 220 V。从外部引入的尖峰电压和干扰噪声可能损坏 CPU 中的元器件，或使 PLC 不能正常工作。在信号模块中，用光耦合器、光敏晶闸管、小型继电器等器件来隔离 PLC 的内部电路和外部的输入、输出电路。信号模块除了传递信号外，还有电平转换与隔离的作用。

（3）通信模块

通信模块安装在 CPU 模块的左边，最多可以添加 3 块通信模块，可以使用点对点通信模块、PROFIBUS 模块、工业远程通信模块、AS-i 接口模块和 IO-Link 模块。

（4）精简系列面板

第二代精简系列面板主要与 S7-1200 PLC 配套，64 K 色高分辨率宽屏显示器的尺寸为 4.3 in[①]、7 in、9 in 和 12 in，支持垂直安装，用 TIA 博途中的 WinCC 组态。它们有一个 RS-422/RS-485 接口或一个 RJ45 以太网接口，还有一个 USB 2.0 接口。USB 2.0 接口可连接键盘、鼠标或条形码扫描仪，可用优盘实现数据记录。

（5）编程软件

TIA 是 Totally Integrated Automation（全集成自动化）的简称，TIA 博途（TIA Portal）是西门子自动化的全新工程设计软件平台。S7-1200 PLC 可以用 TIA 博途中的 STEP 7 Basic（基本版）编程。S7-300/400/1200/1500 PLC 可以用 TIA 博途中的 STEP 7 Professional（专业版）编程。

2. CPU 模块

（1）CPU 的共性

1）S7-1200 PLC 可以使用梯形图（LAD）、函数块图（FDB）和结构化控制语言（SCL）这 3 种编程语言。每条布尔运算指令、字传送指令和浮点数数学运算指令的执行时间分别为 0.08 μs、1.7 μs 和 2.3 μs。

S7-1200 PLC 的工作原理

2）集成了最大 150 KB 的工作存储器、最大 4 MB 的装载存储器和 10 KB 的保持性存储器。CPU 1211C 和 CPU 1212C 的位存储器（M）为 4 096 B，其他 CPU 为 8 192 B。可以用可选的 SIMATIC 存储卡扩展存储器的容量和更新 PLC 的固件。还可以用存储卡将程序传输到其他 CPU。

3）过程映像输入、过程映像输出各 1 024 B。集成的数字量输入电路的输入类型为漏型/源型，电压额定值为 DC 24 V，输入电流为 4 mA。"1" 状态允许的最小电压/电流为 DC 15 V/25 mA，"0" 状态允许的最大电压/电流为 DC 5V/1 mA，输入延迟时间可以组态为 0.1 μs～ －20 ms，有脉冲捕获功能。在过程输入信号的上升沿或下降沿可以产生快速响应的硬件中断。

继电器输出的电压范围为 DC 5～30 V 或 AC 5～250 V，最大电流 2 A。白炽灯负载为 DC 30 W 或 AC 200 W。DC/DC/DC 型 CPU 的 MOSFET（场效应管）的 "1" 状态最小输出电压为 DC 20 V，"0" 状态最大输出电压为 DC 0.1 V，输出电流为 0.5 A，最大白炽灯负载为 5 W。

脉冲输出最多 4 路，CPU 1217 支持最高 1 MHz 的脉冲输出，其他 DC/DC/DC 型的 CPU 本机最高 100 kHz，通过信号板可以输出 200 kHz 的脉冲。

4）有 2 点集成的模拟量输入（0～10 V），10 位分辨率，输入电阻≥100 kΩ。

5）集成的 DC 24 V 电源可供传感器和编码器使用，也可以用来做输入回路的电源。

6）CPU 1215C 和 CPU 1217C 有两个带隔离的 PROFINET 以太网端口，其他 CPU 有一个以太网端口，传输速率为 10 Mb/s/100 Mb/s。

7）实时时钟的保存时间通常为 20 天，40 ℃时最少为 12 天，最大误差为±60 s/月。

注：① 1 in = 2.54 cm。

（2）CPU 的技术规范

S7-1200 PLC 现在有 5 种型号的 CPU 模块（简称为 CPU，见表 1-1-8），此外还有故障安全型 CPU。CPU 可以扩展 1 块信号板，左侧可以扩展 3 块通信模块。

表 1-1-8 S7-1200 PLC CPU 技术规范

特性	CPU 1211C	CPU 1212C	CPU 1214C	CPU 1215C	CPU 1217C
本机数字量 I/O 点数 本机模拟量 I/O 点数	6 入/4 出 2 入	8 入/6 出 2 入	14 入/10 出 2 入	14 入/10 出 2 入/2 出	14 入/10 出 2 入/2 出
工作存储器/装载存储器	50 KB/1 MB	75 KB/2 MB	100 KB/4 MB	125 KB/4 MB	150 KB/4 MB
信号模块扩展块数	无	2	8	8	8
最大本地数字量 I/O 点数	14	82	284	294	284
最大本地模拟量 I/O 点数	13	19	67	69	69
高速计数器	最多可以组态 6 个使用任意内置成信号板输入的高速计数器				
脉冲输出（最多 4 点）频率	100 kHz	100 kHz 或 30 kHz	100 kHz 或 30 kHz		1 MHz 或 100 kHz
上升沿/下降沿中断点数	6/6	8/8	12/12		
脉冲捕获输入点数	6	8	14		
传感器电源输出电流/mA	300	300	400		
外形尺寸/(mm×mm×mm)	90×100×75	90×100×75	110×100×75	130×100×75	150×100×75

（3）CPU 集成的工艺功能

S7-1200 PLC 建成的工艺功能包括高速计数与频率测量、高速脉冲输出、PWM 控制、运动控制和 PID 控制。

1）高速计数器。最多可组态 6 个使用 CPU 内置或信号板输入的高速计数器，CPU 1217C 有 4 点最高频率为 1 MHz 的高速计数器。其他 CPU 可组态 100 kHz（单相）/80 kHz（正交相位）或 30 kHz（单相）/20 kHz（正交相位）的高速计数器（与输入点地址有关）。如果使用信号板，最高计数频率为 200 kHz（单相）/160 kHz（正交相位）。

2）高速输出。各种型号的 CPU 最多有 4 点高速脉冲输出（包括信号板的 DQ 输出）。CPU 1217C 的高速脉冲输出最高频率为 1 MHz，其他 CPU 为 100 kHz，信号板为 20 kHz。

3）运动控制。S7-1200 PLC 的高速输出可以用于步进电动机或伺服电动机的速度和位置控制。通过一个轴工艺对象和 PLCopen 运动控制指令，它们可以输出脉冲信号来控制步进电动机速度、阀位置或加热元件的占空比。除了返回原点和点动功能以外，还支持绝对位置控制、相对位置控制和速度控制。轴工艺对象有专用的组态窗口、调试窗口和诊断窗口。

4）用于闭环控制的 PID 功能。PID 功能用于对闭环过程进行控制，建议 PID 控制回路的个数不要超过 16 个。STEP 7 中的 PID 调试窗口提供用于参数调节的形象直观的曲线图，支持 PID 参数自整定功能。

3. 信号板与信号模块

各种 CPU 的正面都可以增加一块信号板。信号模块连接到 CPU 的右侧，以扩展其数字量或模拟量 I/O 的点数。CPU 1211C 不能扩展信号模块，CPU 1212C 只能连接两个信号模块，其他 CPU 可以连接 8 个信号模块。所有的 S7-1200 PLC CPU 都可以在 CPU 的左侧安装最多 3 个通信模块。

S7-1200 CPU 的扩展能力

（1）信号板

S7-1200 PLC 所有的 CPU 模块的正面都可以安装一块信号板，并且不会增加安装的空间。有时添加一块信号板，就可以增加需要的功能。例如数字量输出信号板使继电器输出的 CPU 具有高速输出的功能。

安装时首先取下端子盖板，然后将信号板直接插入 S7-1200 PLC CPU 正面的槽内。信号板有可拆卸的端子，因此可以很容易地更换信号板。有下列信号板和电池板：

1）SM1221 数字量 4 输入信号板，最高计数频率为 200 kHz。数字量输入、数字量输出信号板的额定电压有 DC 24 V 和 DC 5 V 两种。

2）SM1222 数字量输出信号板，4 点固态 MOSFET 输出的最高计数频率为 200 kHz。

3）SM1223 数字量输入/输出信号板，2 点输入和 2 点输出的最高频率均为 200 kHz。

4）SM1231 热电偶信号板和 RTD（热电阻）信号板，它们可选多种量程的传感器，分辨率为 0.1 ℃/0.1 ℉，15 位+符号位。

5）SM1231 模拟量输入信号板，有一路 12 位的输入，可测量电压和电流。

6）SM1232 模拟量输出信号板，一路输出，可输出分辨率为 12 位的电压和 11 位的电流。

7）CB1241 RS485 信号板，提供一个 RS-485 接口。

（2）数字量 I/O 模块

数字量输入/数字量输出（DI/DQ）模块和模拟量输入/模拟量输出（AI/AQ）模块统称为信号模块。可以选用 8 点、16 点和 32 点的数字量输入/数字量输出模块（见表 1-1-9），来满足不同的控制需要。8 继电器输出（双态）的 DQ 模块的每一点，可以通过有公共端子的一个常闭触点和一个常开触点，在输出值为 "0" 和 "1" 时，分别控制两个负载。

所有的模块都能方便地安装在标准的 35 mm DIN 导轨上。所有的硬件都配备了可拆卸的端子板，不用重新接线，就能迅速地更换组件。

表 1-1-9　数字量输入/数字量输出模块

型号	型号
SM1221，8 输入，DC 24 V	SM1222，8 继电器输出（双态），2 A
SM1221，16 输入，DC 24 V	SM1223，8 输入，DC 24 V/8 继电器输出，2 A
SM1222，8 继电器输出，2 A	SM1223，16 输入，DC 24 V/16 继电器输出，2 A
SM1222，16 继电器输出，2 A	SM1223，8 输入，DC 24 V/8 输出，DC 24 V，0.5 A
SM1222，8 输出，DC 24 V，0.5 A	SM1223，16 输入，DC 24 V/16 输出，DC 24 V，0.5 A
SM1222，16 输出，DC 24 V，0.5 A	SM1223，8 输入，AC 230 V/8 继电器输出，2 A

（3）模拟量 I/O 模块

在工业控制中，某些输入量（例如压力、温度、流量、转速等）是模拟量，某些执行机构（例如电动调节阀和变频器等）要求 PLC 输出模拟量信号，而 PLC 的 CPU 只能处理数字量。模拟量首先被传感器和变送器转换为标准量程的电流或电压，例如 4～20 mA、±（0～10）V，PLC 用模拟量输入模块的 A/D 转换器将它们转换成数字量。带正负号的电流或电压在 A/D 转换后用二进制补码来表示。模拟量输出模块的 D/A 转换器将 PLC 中的数字量转换为模拟量电压或电流，再去控制执行机构。模拟量 I/O 模块的主要任务就是实现 A/D 转换（模拟量输入）和 D/A 转换（模拟量输出）。

A/D 转换器和 D/A 转换器的二进制位数反映了它们的分辨率，位数越多，分辨率越高。模拟量输入/模拟量输出模块的另一重要指标是转换时间。

1）SM1231 模拟量输入模块：有 4 路、8 路的 13 位模块和 4 路的 16 位模块。模拟量输入可选 ±10 V、±5 V 和 0～20 mA、4～20 mA 等多种量程。电压输入的输入电阻≥9 MΩ，电流输入的输入电阻为 280 MΩ。双极性和单极性模拟量满量程转换后对应的数字分别为 −27 648～27 648 和 0～27 648。

2）SM1231 热电偶和热电阻模拟量输入模块：有 4 路、8 路的热电偶（TC）模块和 4 路、8 路的热电阻（RTD）模块。可选多种量程的传感器，分辨率为 0.1 ℃/0.1 °F，15 位＋符号位。

3）SM1232 模拟量输出模块：有 2 路和 4 路的模拟量输出模块，−10～+10 V 电压输出为 14 位，最小负载阻抗 1 000 Ω。0～20 mA 或 4～20 mA 电流输出为 13 位，最大负载阻抗 600 Ω。−27 648～27 648 对应满量程电压，0～27 648 对应满量程电流。

电压输出负载为电阻时转换时间为 300 μs，负载为 1 μF 电容时转换时间为 750 μs。电流输出负载为 1 mH 电感时转换时间为 600 μs，负载为 10 mH 电感时为 2 ms。

4）SM1234 4 路模拟量输入/2 路模拟量输出模块：SM1234 模块的模拟量输入和模拟量输出通道的性能指标分别与 SM1231 AI 4×13 bit 模块和 SM 1232 AQ 2×14 bit 模块的相同，相当于这两种模块的组合。

4. S7−1200 PLC 的外部接线图

S7−1200 PLC 的 CPU 有一个 DC 24 V 内部电源，用于为 CPU、信号模块、信号板、通信模块及其他需要使用 DC 24 V 的器件供电。CPU 对外提供一个 DC 24 V 传感器电源，可作为输入点、信号模块上的继电器线圈电源或为其他需要使用 DC 24 V 的器件供电。如果负载的功率超出电源功率，则必须给系统增加外部 DC 24 V 电源，同时必须确保该电源不要与 CPU 的传感器电源并联。为提高电噪声防护能力，应把负载连接到不同电源的公共端（M）。另外 S7−1200 PLC 系统中的一些 DC 24 V 电源输入端口是互连的，并且通过一个公共逻辑电路连接多个公共端。如在技术数据表中指定为"非隔离"时，则 CPU 的 DC 24 V 电源、信号模块继电器线圈的电源输入或非隔离模拟量输入的电源是互连的。所有非隔离的公共端必须连接到同一个外部参考电位，除上述外，应遵循以下接线原则。

1）作为布置系统中各种设备的基本规则，必须将产生高压和高电噪声的设备与 S7−1200 PLC 等低压控制设备隔离开。S7−1200 PLC 采用自然对流冷却，为保证冷却效果，在 S7−1200 PLC 上方和下方必须留出至少 25 mm 的空隙。此外，S7−1200 PLC 模块前端与机柜内壁间至少应留出 25 mm 的深度。

2）应在 S7−1200 PLC 回路上安装一个可同时切断 S7−1200 PLC 的 CPU 电源、所有输入电路和所有输出电路的电源（隔离）开关，电源应具有过电流保护措施（如熔断器或断路器）以限制电源线中的故障电流。为所有可能遭雷电冲击的线路安装合适的浪涌抑制器，并可考虑在各输出电路中安装熔断器或其他电流限制器进行保护。在通过外部电源供电的输入电路中安装过电流保护装置。S7-1200 PLC 的 DC 24 V 传感器电源供电的电路不需要外部保护，因为它本身已有保护。

3）避免将低压信号线和通信电缆铺设在具有交流线和高能量快速开关信号线的线槽中，并始终使中性线或公共线与相线或信号线形成对布线。使用屏蔽线可最大限度地防止噪声，通常需要在 PLC 端将屏蔽层接地，并确保 S7-1200 PLC 和相关设备的所有公共端和接地端连接在同一个接地点上，该接地点应该直接连接到系统的接地端。所有接地线应尽可能短且应使用 2 mm² 以上的导线。确定接地点时，应考虑安全接地要求和保护性中断装置的正常运行。

4）应尽可能使连接线最短，并确保连接线能承载所需的电流。模块可连接 0.3～2 mm 导线。

5）所有 S7-1200 PLC 模块都有供用户接线的可拆卸连接器。要防止连接器松动，确保连接器固定牢靠并且导线被牢固地安装到连接器中。为避免损坏连接器，不要将连接器螺钉拧得过紧，连接器螺钉允许的最大扭矩为 0.56 N·m。

6）应当为感性负载安装浪涌抑制电路，限制瞬态电压上升。浪涌抑制电路可保护输出，防止断开感性负载时产生的过电压。此外，抑制电路还能限制导通和断开感性负载时产生的噪声。浪涌抑制电路跨接在负载两端，并且在位置上接近负载，这样对降低电气噪声最有效。S7-1200 PLC 的 DC 型输出已包括抑制电路，足以抑制大多数应用的感性负载，而继电器型输出没有内部保护。在大多数应用中，在感性负载两端并联一个二极管（如 1N4001 或同等元件）即可，但如果要求达到更快的响应时间，则可再增加一个稳压二极管与前述二极管串联。

7）S7-1200 PLC CPU 的接线。以 CPU 1214C 为例，S7-1200 PLC CPU 的接线图如图 1-1-16～图 1-1-18 所示。

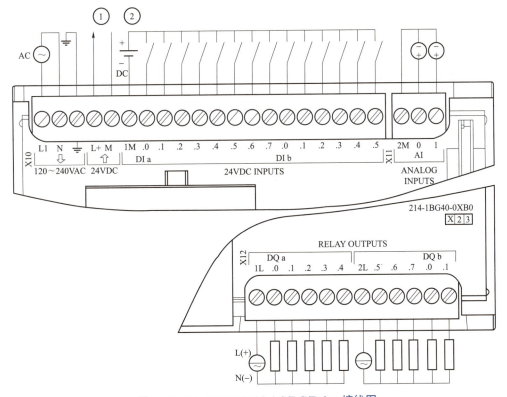

图 1-1-16　CPU 1214C AC/DC/Relay 接线图

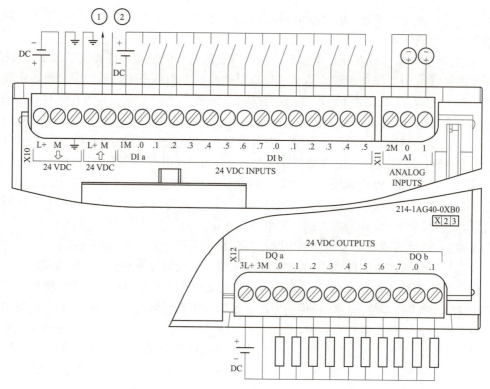

图 1-1-17　CPU 1214C DC/DC/DC 接线图

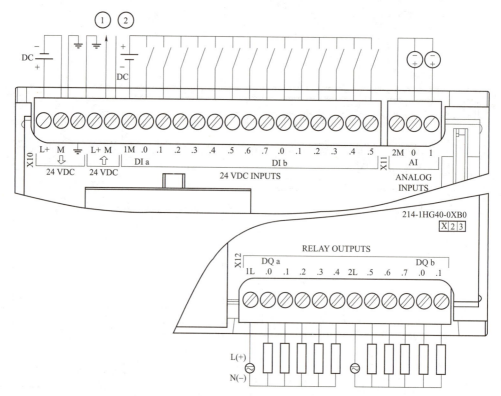

图 1-1-18　CPU 1214C DC/DC/Relay 接线图

5. 集成的通信接口与通信模块

S7-1200 PLC 具有非常强大的通信功能，提供下列的通信选项：I-Device（智能设备）、PROFINET、PROFIBUS、远距离控制通信、点对点（PtP）通信、USS 通信、Modbus RTU、AS-i 和 I/O Link MASTER。

（1）集成的 PROFINET 接口

实时工业以太网是现场总线发展的方向，PROFINET 是基于工业以太网的现场总线（IEC 61158 现场总线标准的类型 10），是开放式的工业以太网标准，它使工业以太网的应用扩展到了控制网络最底层的现场设备。

S7-1200 PLC CPU 集成的 PROFINET 接口可以与下列设备通信：计算机、其他 S7 CPU、PROFINET I/O 设备（例如 ET 200 远程 I/O 和 SI NAMICS 驱动器），以及使用标准的 TCP 通信协议的设备。它支持 TCP/IP、ISO-on-TCP、UDP 和 S7 通信协议。

该接口使用具有自动交叉网线（auto-cross-over）功能的 RJ45 连接器，用直通网线或者交叉网线都可以连接 CPU 和其他以太网设备或交换机，数据传输速率为 10 Mb/s/100 Mbit/s。支持最多 23 个以太网连接，其中 3 个连接用于与 HMI 的通信；1 个连接用于与编程设备（PG）的通信；8 个连接用于开放式用户通信；3 个连接用于使用 GET/PUT 指令的 S7 通信的服务器；8 个连接用于使用 GET/PUT 指令的 S7 通信的客户端。

CSM1277 是紧凑型交换机模块，有 4 个具有自检测和交叉自适应功能的 RJ45 连接器，能以线型、树型或星型拓扑结构，将 S7-1200 PLC 连接到工业以太网。它安装在 S7-1200 PLC 的安装导轨上，不需要组态。

（2）PROFIBUS 通信与通信模块

S7-1200 PLC 最多可以增加 3 个通信模块，它们安装在 CPU 模块的左边。

PROFIBUS 是目前国际上通用的现场总线标准之一，已被纳入现场总线的国际标准 IEC 61158。S7-1200 PLC CPU 从固件版本 V2.0 开始，组态软件 STEP 7 从版本 V11.0 开始，支持 PROFIBUS-DP 通信。

通过使用 PROFIBUS-DP 主站模块 CM1243-5，S7-1200 PLC 可以和其他 CPU、编程设备、人机界面和 PROFIBUS-DP 从站设备（例如 ET200 和 SINAMICS 驱动设备）通信。CM1243-5 可以作 S7 通信的客户机或服务器。

通过使用 PROFIBUS-DP 从站模块 CM1242-5，S7-1200 PLC 可以作为一个智能 DP 从站设备与 PROFIBUS-DP 主站设备通信。

（3）点对点（PtP）通信与通信模块

通过点对点通信，S7-1200 PLC 可以直接发送信息到外部设备，例如打印机；从其他设备，例如条形码阅读器、RFID（射频识别）读写器和视觉系统接收信息；可以与 GPS 装置、无线电调制解调器以及其他类型的设备交换信息。

CM1241 是点对点高速串行通信模块，可执行的协议有 ASCII、USS 驱动协议、Modbus RTU 主站协议和从站协议，可以装载其他协议。3 种模块分别有 RS-232、RS-485 和 RS-422/485 通信接口。通过 CM1241 通信模块或者 CB1241RS485 通信板，可以与支持 Modbus RTU 协议和 USS 协议的设备进行通信。S7-1200 PLC 可以作 Modbus 主站或从站。

（4）AS-i 通信与通信模块

AS-i 是执行器传感器接口（Actuator Sensor interface）的缩写，它是用于现场自动化设备的双向数据通信网络，位于工厂自动化网络的最底层。AS-i 已被列入 IEC 62026 标准。

AS-i 是单主站主从式网络，支持总线供电，即两根电缆同时作信号线和电源线。

S7-1200 PLC 的 AS-i 主站模块为 CM1243-2，其主站协议版本为 V3.0，可配置 31 个标准开关量/模拟量从站或 62 个 A/B 类开关量/模拟量从站。

（5）远程控制通信与通信模块

通过使用 GPRS 通信处理器 CP1242-7，S7-1200 PLC CPU 可以与下列设备进行无线通信：中央控制站、其他远程站、移动设备（SMS 短消息）、编程设备（远程服务）和使用开放式用户通信（UDP）的其他通信设备。通过 GPRS 可以实现简单的远程监控。

（六）IO-Link 主站模块

IO-Link 是 IEC 611319 中定义的用于传感器/执行器领域的点对点通信接口，使用非屏蔽的三线制标准电缆。IO-Link 主站模块 SM1278 用于连接 S7-1200 PLC CPU 和 IO-Link 设备，它有 4 个 IO-Link 端口，同时具有信号模块功能和通信模块功能。

注意事项

1. 外部电源使用

目前，很多 PLC 内部都有 DC 24 V 电源可供输入或外部检测等装置使用。内部电源容量不足时必须使用外部电源，以保证系统工作的可靠性。

2. 直流输出型 PLC 交流负载的驱动

如果 PLC 是直流（DC）输出型，那么如何驱动交流负载呢？这其实很简单，这时需要通过直流中间继电器过渡，然后再使用转换电路（将中间继电器的常开触点串联到交流接触器的线圈回路中）即可。其实，在 PLC 的很多工程应用中，绝大多数为采用中间继电器过渡，主要将 PLC 与强电进行隔离，起到保护 PLC 的目的。

拓展训练

训练 1 用一个开关控制一盏直流 24 V 指示灯的亮灭。注：本书所有训练均通过 PLC 实现，以后不再说明。

训练 2 用两个按钮控制一盏直流 24 V 指示灯的亮灭，要求同时按下两个按钮，指示灯方可点亮。

训练 3 用一个转换开关控制两盏直流 24 V 指示灯，以示控制系统运行时所处的"自动"或"手动"状态，即向左旋转转换开关，其中一盏灯亮表示控制系统当前处于"自动"状态；向右旋转转换开关，另一盏灯亮表示控制系统当前处于"手动"状态。

项目一 位逻辑指令及其应用

任务二 板材修边锯连续运行控制

任务清单

项目名称	任务清单内容
任务情境	秸秆刨花板热压成形后,需要修边锯进行两边边料切割。修边锯在生产线上需连续不断地运行切割板材边料,因此修边锯中电动机必须是连续运行控制。那么如何用 PLC 实现电动机的连续运行控制呢?
任务目标	1)掌握 PLC 的工作原理; 2)掌握 S7–1200 PLC 的基本指令(A、AN、O、ON); 3)掌握连续运行控制电路的程序设计方法; 4)会正确应用梯形图程序编程; 5)会正确下载、调试与运行程序; 6)能熟练掌握接线工艺。
素质目标	培养学生对 PLC 应用设计课程的热情和对智能制造的兴趣。
任务要求	PLC 实现三相异步电动机的连续运行控制,即按下启动按钮,电动机启动并单向运转;按下停止按钮,电动机停止运转。该电路必须具有必要的短路保护、过载保护等功能。
任务思考	1)PLC 实现电动机连续控制的设计思路是什么? 2)如何进行 PLC 的外围硬件电路连接? 3)如何进行编程实现电动机的连续运行?
任务分组	班级　　　　　组号　　　　　指导老师 组长　　　　　学号 组员: 姓名　学号　姓名　学号

25

项目名称	任务清单内容
任务准备	**引导问题 1** 根据图 1-2-1 描述电动机连续运行接触器控制原理。

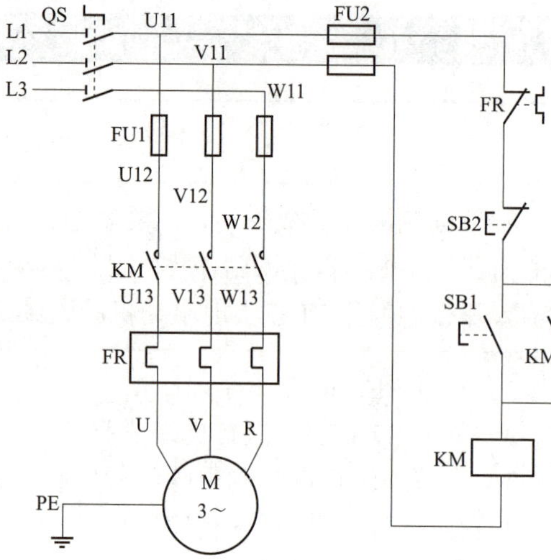

图 1-2-1 电动机连续控制线路原理图

_____
_____
_____

小提示：① 回顾交流接触器的工作原理；② KM 线圈和 KM 触头是一个整体，不要分割来看；③ 注意启动和停止按钮均为点动。

引导问题 2
简述电动机连续运行接触器控制转换成 PLC 实现电动机连续控制的设计思路。

_____
_____
_____

小提示：① 主电路不变；② 控制电路中继电器转换成 PLC；③ 梳理清楚控制电路中的输入和输出。

引导问题 3
描述梯形图中与、或指令及其用法。
（1）与指令
与指令梯形图如图 1-2-2 所示。 |

<table>
<tr><th>项目名称</th><th>任务清单内容</th></tr>
<tr><td>任务准备</td><td>

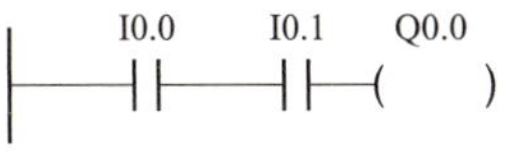

图 1-2-2　与指令梯形图

（2）或指令

或指令梯形图如图 1-2-3 所示。

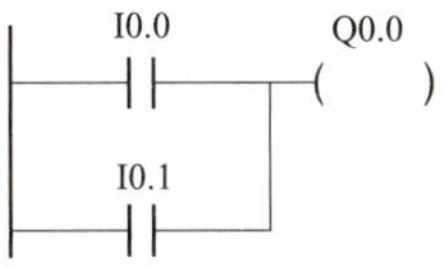

图 1-2-3　或指令梯形图

</td></tr>
<tr><td>任务实施</td><td>

1. 分配 I/O

根据任务要求，对输入量、输出量进行梳理，完成表 1-2-1。

表 1-2-1　电动机连续运行控制输入/输出表

<table>
<tr><th>输入</th><th>输出</th></tr>
<tr><td></td><td></td></tr>
<tr><td></td><td></td></tr>
<tr><td></td><td></td></tr>
</table>

小提示：① 主动进行控制的按钮为输入；② 进行电路保护的元器件热继电器也为输入；③ 被动进行的电动机为输出。

电动机连续运行控制

2. 连接 PLC 外部线路

在图 1-2-4 中完成电动机连续运行控制 PLC 外部接线。

</td></tr>
</table>

项目名称	任务清单内容
任务实施	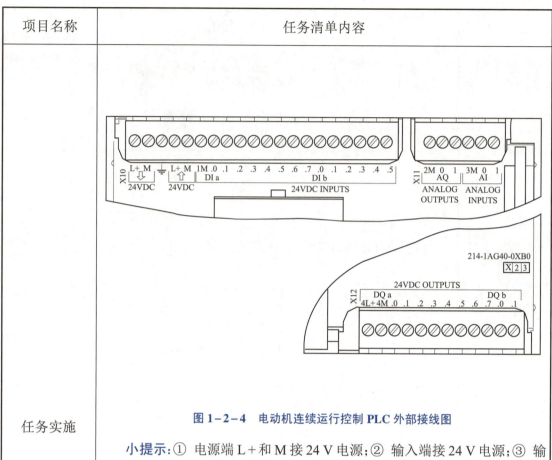 图 1-2-4 电动机连续运行控制 PLC 外部接线图 **小提示**：① 电源端 L+ 和 M 接 24 V 电源；② 输入端接 24 V 电源；③ 输入端口从 I0.0 开始接线；④ 用指示灯来模拟负载电动机，因此输出端 4L 连 24 V 电源；⑤ 输出端口从 Q0.0 开始接线。 **3. 创建工程项目** **小提示**：将文件命名为"电动机连续运行控制"，并将文件存放在特定位置；然后与 PLC 硬件匹配，添加 S7-1200 PLC 中的 CPU 1214C DC/DC/DC，其订货号为 6ES7 214-1AG40-0XB0，版本为 V4.0，然后单击右下角"添加"按钮进入程序编辑界面。 **4. 编辑变量表** 完成表 1-2-2。 表 1-2-2 电动机连续运行控制 I/O 分配表 <table><tr><td colspan="3">输入</td><td colspan="3">输出</td></tr><tr><td>名称</td><td>数据类型</td><td>地址</td><td>名称</td><td>数据类型</td><td>地址</td></tr><tr><td></td><td></td><td></td><td></td><td></td><td></td></tr><tr><td></td><td></td><td></td><td></td><td></td><td></td></tr><tr><td></td><td></td><td></td><td></td><td></td><td></td></tr></table>

项目名称	任务清单内容
任务实施	小提示：① I/O 点位要和硬件接线 I/O 端子对应起来；② 本任务中 I0.0～I0.2 为输入，Q0.0 为输出。 **5. 撰写梯形图程序** 小提示： PLC 移植设计法：其设计思想如图 1-2-5 所示。 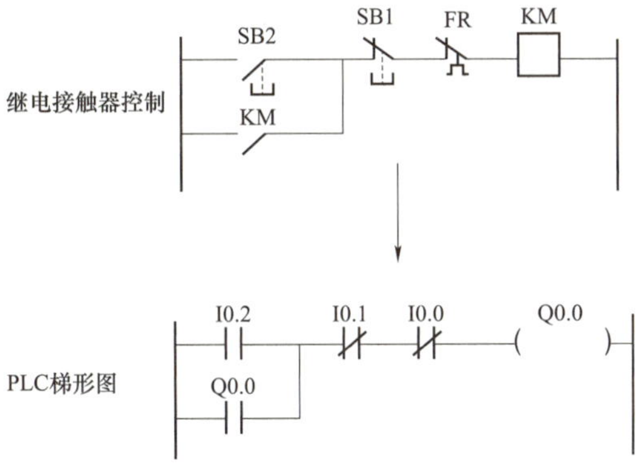 图 1-2-5 继电接触器控制转化为 PLC 梯形图设计思想 **6. 下载程序并试机** 引导问题 4 描述控制分析过程： 小提示：① 接通低压断路器 QS 后，按下按钮 SB1 后分析后续相关动作；② 电动机运行时按下 SB1，理解自锁；③ 电动机连续运行切割边角料。大家在生活中对于脏活累活也应发挥吃苦耐劳精神。 **7. 调试程序** 1）实现在线监控并描述其意义。 博图软件程序 监控模式

项目名称	任务清单内容
任务实施	2）使用强制功能控制电动机并描述其应用场景。 3）停止程序。
任务总结	通过完成上述任务，你学到了哪些知识和技能？

项目一 位逻辑指令及其应用

项目名称	任务清单内容
任务评价	各组代表展示作品，介绍任务的完成过程，并完成评价表1-2-3～表1-2-5。 表1-2-3 学生自评表 班级：　　　　姓名：　　　　学号： 任务：板材修边锯连续运行控制 	评价项目	评价标准	分值	得分
---	---	---	---
完成时间	60分钟满分，每多10分钟减1分	10	
理论填写	正确率100%为20分	10	
接线规范	操作规范、接线美观正确	20	
技能训练	程序正确编写满分为20分	20	
任务创新	是否用另外编程思路完成任务	10	
工作态度	态度端正，无迟到、旷课	10	
职业素养	安全生产、保护环境、爱护设施	20	
合计		100	| 表1-2-4 学生互评表 任务：板材修边锯连续运行控制 | 评价项目	分值	等级				评价对象___组
---	---	---	---	---	---	---
计划合理	10	优10	良8	中6	差4	
方案准确	10	优10	良8	中6	差4	
团队合作	10	优10	良8	中6	差4	
组织有序	10	优10	良8	中6	差4	
工作质量	10	优10	良8	中6	差4	
工作效率	10	优10	良8	中6	差4	
工作完整性	10	优10	良8	中6	差4	
工作规范性	10	优10	良8	中6	差4	
成果展示	20	优20	良16	中12	差8	
合计	100						

项目名称	任务清单内容			
任务评价	表1-2-5 教师评价表			
	班级： 姓名： 学号：			
	任务：板材修边锯连续运行控制			
	评价项目	评价标准	分值	得分
	考勤 10%	无迟到、旷课、早退现象	10	
	完成时间	60 分钟满分，每多 10 分钟减 1 分	10	
	理论填写	正确率 100%为 20 分	10	
	接线规范	操作规范、接线美观正确	20	
	技能训练	程序正确编写满分为 20 分	10	
	任务创新	是否用另外编程思路完成任务	10	
	协调能力	与小组成员之间合作交流	10	
	职业素养	安全生产、保护环境、爱护设施	10	
	成果展示	能准确表达、汇报工作成果	10	
	合计		100	
	综合评价	自评（20%）	小组互评（30%）	教师评价（50%）	综合得分

知识准备

（一）电动机连续运行接触器控制

三相异步电动机的连续运行继电接触器控制系统的电路如图 1-2-1 所示。启动时，闭合低压断路器 QS，当按下启动按钮 SB1 时，交流接触器 KM 线圈得电，其主触点闭合，电动机接入三相电源而启动。同时与 SB1 并联的接触器常开辅助触点闭合形成自锁使接触器线圈有两条路通电，这样即使松开按钮 SB1，接触器 KM 的线圈仍可通过自身的辅助触点继续通电，保持电动机的连续运行。

当按下停止按钮 SB2 时，KM 线圈失电，其主触点和常开触点复位断开，电动机因无电源而停止运行。同样，当电动机过载时，热继电器的常闭触点断开，电动机停止运行。

（二）与、或指令

（1）A 指令

A（And）指令又称为"与"指令。其梯形图如图 1-2-2 所示，由串联常开触点和其位地址（以 I0.0 和 I0.1 串联为例）组成。

当 I0.0 和 I0.1 常开触点都接通时，线圈 Q0.0 才有信号流流过；当 I0.0 或 I0.1 常开触点有一个不接通或都不接通时，线圈 Q0.0 就没有信号流流过，即线圈 Q0.0 是否有信号流流过取决于 I0.0 和 I0.1 的触点状态"与"关系的结果。

（2）AN 指令

AN（And Not）指令又称为"与非"指令。其梯形图如图 1-2-6 所示，由串联常闭触点和其位地址组成；AN 指令和 A 指令的区别为 AN 指令梯形图中串联的是常闭触点。

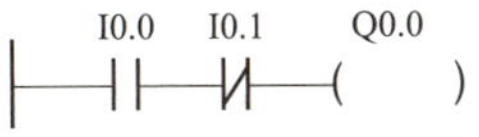

```
  I0.0  I0.1   Q0.0
───┤├───┤/├───( )
```

图 1-2-6　与非指令梯形图

（3）O 指令

O（Or）指令又称为"或"指令。其梯形图如图 1-2-3 所示，由并联常开触点和其位地址组成。

当 I0.0 和 I0.1 常开触点有一个或都接通时，线圈 Q0.0 就有信号流流过；当 I0.0 和 I0.1 常开触点都未接通时，线圈 Q0.0 则没有信号流流过，即线圈 Q0.0 是否有信号流流过取决于 I0.0 和 I0.1 的触点状态"或"关系的结果。

（4）ON 指令

ON（Or Not）指令又称为"或非"指令。其梯形图如图 1-2-7 所示，由并联常闭触点和其位地址组成。ON 指令和 O 指令的区别为 ON 指令梯形图中并联的是常闭触点。

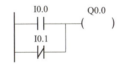

图 1-2-7　或非指令梯形图

（三）用 STEP 7 调试程序

有两种调试用户程序的方法：程序状态与监控表（Watch Table）。程序状态可以监视程序的运行，显示程序中操作数的值和程序段的逻辑运算结果（RLO），查找用户程序的逻辑错误，还可以修改某些变量的值。

使用监控表可以监视、修改和强制用户程序或 CPU 内的各个变量。可以向某些变量写入需要的数值，来测试程序或硬件。例如，为了检查接线，可以在 CPU 处于 STOP 模式时给外设输出点指定固定的值。

1. 用程序状态功能调试程序

（1）启动程序状态监视

与 PLC 建立好在线连接后，打开需要监视的代码块，单击程序编辑器工具栏上的"启用/禁用监视"按钮 ，启动程序状态监视。如果在线（PLC 中的）程序与离线（计算机中的）程序不一致，项目树中的项目、站点、程序块和有问题的代码块的右边均会出现表示故障的符号。需要重新下载有问题的块，使在线、离线的块一致，上述对象右边均出现绿色的表示正常的符号后，才能启动程序状态功能。进入在线模式后，程序编辑器最上面的标题栏变为橘红色。

如果在运行时测试程序出现功能错误或程序错误，可能会对人员或财产造成严重损害，应确保不会出现这样的危险情况。

（2）程序状态的显示

启动程序状态后，梯形图用绿色连续线来表示状态满足，即有能流流过，见图 1-2-8 中较浅的实线。用蓝色虚线表示状态不满足，没有能流。用灰色连续线表示状态未知或程序没有执行，黑色表示没有连接。

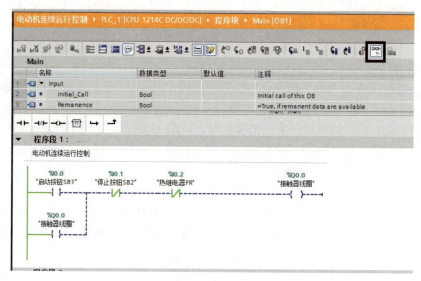

图 1-2-8　程序状态监视

Bool 变量为"0"状态和"1"状态时，它们的常开触点和线圈分别用蓝色虚线和绿色连续线来表示，常闭触点的显示与变量状态的关系则反之。

进入程序状态之前，梯形图中的线和元件因为状态未知，全部为黑色。启动程序状态监视后，梯形图左侧垂直的"电源"线和与它连接的水平线均为连续的绿线，表示有能流从电源线流出。有能流流过的处于闭合状态的触点、指令方框、线圈和导线均用连续的绿色线表示。

接通连接在 PLC 的输入端 I0.0 的小开关后马上断开它（模拟外接的启动按钮的操作），梯形图中 I0.0 的常开触点接通，使 Q0.0（电源接触器）和 Q0.1（星形接触器）的线圈通电并自保持。

（3）在程序状态修改变量的值

用鼠标右键单击程序状态中的某个变量，执行快捷菜单中的某个命令，可以修改该变量的值。对于 Bool 变量，执行"修改"→"修改为1"或"修改"→"修改为0"命令；对于其他数据类型的变量，执行"修改"→"修改值"命令。执行"修改"→"显示格式"命令，可以修改变量的显示格式。

不能修改连接外部硬件输入电路的过程映像输入（I）的值。如果被修改的变量同时受到程序的控制（例如受线圈控制的 Bool 变量），则程序控制的作用优先。

2. 用监控表监控与强制变量

使用程序状态功能，可以在程序编辑器中形象直观地监视梯形图程序的执行情况，触点和线圈的状态一目了然。但是程序状态功能只能在屏幕上显示一小块程序，调试较大的程序时，往往不能同时看到与某一程序功能有关的全部变量的状态。

监控表可以有效地解决上述问题。使用监控表可以在工作区同时监视，修改和强制用户感兴趣的全部变量。一个项目可以生成多个监控表，以满足不同的调试要求。

监控表可以赋值或显示的变量包括过程映像（I和Q）、外设输入（I_:P）和外设输出（Q_:P）、位存储器（M）和数据块（DB）内的存储单元。

（1）监控表的功能

1）监视变量：在计算机上显示用户程序或CPU中变量的当前值。

2）修改变量：将固定值分配给用户程序或CPU中的变量。

3）对外设输出赋值：允许在STOP模式下将固定值赋给CPU的外设输出点，这一功能可用于硬件调试时检查接线。

（2）生成监控表

打开项目树中PLC的"监控与强制表"文件夹，双击其中的"添加新监控表"，生成一个名为"监控表_1"的新的监控表，并在工作区自动打开它。根据需要，可以为一台PLC生成多个监控表。应将有关联的变量放在同一个监控表内。

（3）在监控表中输入变量

在监控表的"名称"列输入PLC变量表中定义过的变量的符号地址，"地址"列将会自动出现该变量的地址。在"地址"列输入PLC变量表中定义过的地址，"名称"列将会自动地出现它的名称。如果输入了错误的变量名称或地址，出错的单元的背景变为提示错误的浅红色，标题为"i"的标示符列出现红色的叉。

可以使用监控表的"显示格式"列默认的显示格式，也可以用鼠标右键单击该列的某个单元，选中出现的列表中需要的显示格式。图1-2-9的监控表用二进制格式显示QB0，可以同时显示和分别修改Q0.0~Q0.7这8个Bool变量。这一方法用于I、Q和M，可以用字节（8位）、字（16位）或双字（32位）来监视和修改多个Bool变量。

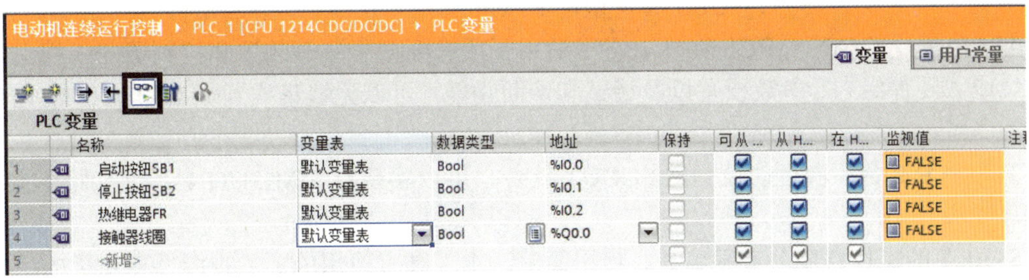

图1-2-9 监控表

复制PLC变量表中的变量名称，然后将它粘贴到监控表的"名称"列，可以快速生成监控表中的变量。

（4）监视变量

可以用监控表的工具栏上的按钮来执行各种功能。与CPU建立在线连接后，单击工具栏上的按钮，启动监视功能，将在"监视值"列连续显示变量的动态实际值。

再次单击该按钮，关闭监视功能。单击工具栏上的"立即一次性监视所有变量"按钮，即使没有启动监视，将立即读取一次变量值，在"监视值"列用表示在线的橙色背景显示变量值。几秒钟后，背景色变为表示离线的灰色。

位变量为 TRUE（"1"状态）时，"监视值"列的方形指示灯为绿色。位变量为 FALSE（"0"状态）时，指示灯为灰色。监控表中的 MD12 是定时器的当前时间值，在定时器的定时过程中，MD12 的值不断增大。

（5）修改变量

用鼠标右键单击某个位变量，执行快捷菜单中的"修改"→"修改为 0"或"修改"→"修改为 1"命令，可以将选中的变量修改为 FALSE 或 TRUE。在 RUN 模式修改变量时，各变量同时又受到用户程序的控制。假设用户程序运行的结果使 Q0.0 的线圈断电，用监控表不可能将 Q0.0 修改和保持为 TRUE。在 RUN 模式不能改变 1 区分配给硬件的数字量输入点的状态，因为它们的状态取决于外部输入电路的通/断状态。

在程序运行时如果修改变量值出错，可能导致人身或财产的损害。执行修改功能之前，应确认不会有危险情况出现。

3. TIA 博途软件简介

TIA 博途是西门子自动化的全新工程设计软件平台，它将所有自动化软件工具集成在统一的开发环境中，是世界上第一款将所有自动化任务整合在一个工程设计环境下的软件。S7-1200 PLC 用 TIA 博途中的 STEP 7 Basic（基本版）或 STEP 7 Professional（专业版）编程。STEP 7 Professional 可用于 S7-1200/1500 PLC、S7-300/400 PLC 和 WinCC 的组态和编程。

TIA 博途中的 WinCC 是用于西门子的 HMI、工业 PC 和标准 PC 的组态软件。WinCC 的基本版用于组态精简面板，STEP 7 集成了 WinCC 的基本版。WinCC 的精智版用于组态精简面板、精智面板和移动面板。WinCC 的高级版还可以组态 PC 单站，WinCC 的专业版还可以组态 SCADA 系统。高级版和专业版又分为开发工具（Engineering Software）和运行工具（Runtime）。

TIA 博途中的 SIMATIC STEP 7 Safety 适用于标准和故障安全自动化的工程组态系统，支持所有的 S7-1200F/1500 F-CPU 和老型号 F-CPU。

TIA 博途中的 SINAMICS Startdrive 是适用于所有西门子驱动装置和控制器的工程组态平台，集成了硬件组态、参数设置以及调试和诊断功能，可以无缝集成到 SIMATIC 自动化解决方案。

TIA 博途结合面向运动控制的 SCOUT 软件，可以实现对 SIMOTION 运动控制器的组态和程序编辑。

STEP 7 的操作直观、上手容易、使用简单。由于具有通用的项目视图、直观化的用户界面、高效的导航设计、智能的拖曳功能以及共享的数据处理等，保证了项目的质量。

（1）Portal 视图

Portal 视图提供了面向任务的工具视图，可以快速确定要执行的操作或任务。如有必要，该界面会针对所选任务自动切换为项目视图。双击 TIA 博途软件的快捷方式打开软件，首先看到 Portal 视图界面，如图 1-2-10 所示。

S7-1200 使用 PORTAL 视图

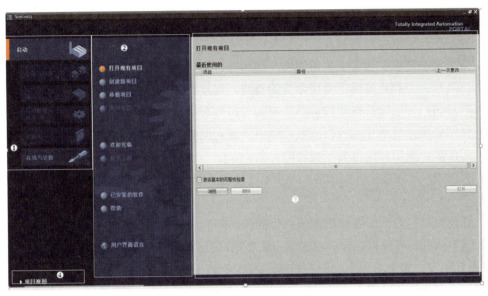

图 1-2-10　Portal 视图

Portal 视图界面功能说明如下：

1）任务选项：为各个任务区提供了基本功能，在 Portal 视图中提供的任务选项取决于所安装的软件产品。

2）所选任务选项对应的操作：提供了在所选任务选项中可使用的操作，操作的内容会根据所选的任务选项动态变化，可在每个任务选项中查看相关任务的帮助文件。

3）操作选择面板：所有任务选项中都提供了选择面板，该面板的内容取决于当前的选择。

4）切换到项目视图：使用"项目视图"链接切换到项目视图。

（2）项目视图

项目视图界面如图 1-2-11 所示。

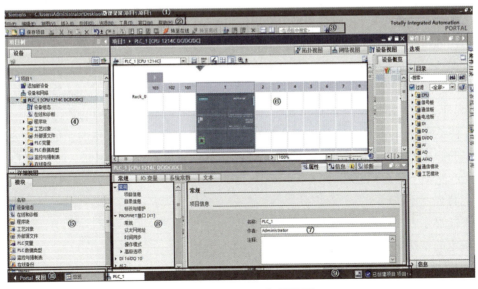

图 1-2-11　项目视图界面

功能说明如下：

① 标题栏：显示项目名称。

② 菜单栏：菜单栏包含工作所需的全部命令。

③ 工具栏：工具栏提供了常用命令的按钮，可以更快地访问这些命令。

④ 项目树：使用项目树功能可以访问所有组件和项目数据。

⑤ 详细视图：显示总览窗口或项目树中所选对象的特定内容，包含文本列表或变量。

⑥ 工作区：在工作区内显示编辑的对象。

⑦ 分隔线：分隔程序界面的各个组件，可使用分隔线上的箭头显示和隐藏用户界面的相邻部分。

⑧ 巡视窗口：有关所选对象或所执行操作的附加信息均显示在巡视窗口中。

⑨ 编辑器栏：将显示打开的编辑器，从而在已打开元素间进行快速切换，如果打开的编辑器数量非常多，则可对类型相同的编辑器进行分组显示。

⑩ 切换到 Portal 视图：使用"Portal 视图"链接切换到 Portal 视图。

（3）TIA 博途软件应用的常见问题

① 在某些情况下，为什么安装 TIA 博途 V14 软件需要很长时间？如何解决？

安装 TIA 博途软件需要很长时间，主要是由于微软 Visual Studio 2015 的安装过程会出现静止不动的现象。

Visual Studio 2015 的发布包括一个修补程序和安装过程中 WUA（Windows Update Agent）检查必要的更新过程，根据所需更新大小增加相应的安装时间。

解决办法：通常，由于安全原因微软建议始终保持 Windows 操作系统是最新的。如果做不到这点，微软提出以下建议：

● 安装最新版本的 Windows Update Agent：Windows Update Client for WindowS7 and Windows Server 2008 R2。

● 安装最新的汇总更新，以减少可用更新包的数量：Convenience rollup update for WindowS7 SP1 and Windows Server 2008 R2 SP1。

这样减少了 Visual Studio 2015 发布包的安装时间，从而也降低了 TIA 博途软件的安装时间。

② 为什么 TIA 博途 V14 的信息系统（在线帮助）有时显示不正确的字符？

TIA 博途 V14 的信息系统是以部分微软 IE 浏览器软件为背景工作的。如果你安装了一个旧版本的微软 IE 浏览器，则 TIA 博途 V14 的信息系统将不会正确显示。

可能产生如下错误信息：

● 屏幕显示不正确；

● 不能显示中文字符；

● 特定的特殊字符和符号显示不正确。

解决办法：安装 Microsoft Internet Explorer 11。

③ 什么版本的 TIA 博途软件支持 Microsoft Windows 10 操作系统？

TIA 博途 V13 SP2 和 TIA 博途 V14 SP1。

④ 是否可以同时安装 TIA 博途 V13 SP2 和 TIA 博途 V14 SP1?

可以同时安装。对于这两个版本,仅需要的是 TIA 博途 V14 SP1 的许可证。

注意事项

1. FR 与 PLC 的连接

在工程项目实际应用中,经常遇到很多工程技术人员将热继电器 FR 的常闭触点接到 PLC 的输出端,这样编写梯形图时,只需要将 FR 的对应常开触点删除即可,从程序上好像变得简单明了,但在实际运行过程中会出现电动机二次启动现象。若电动机长期过载时,FR 常闭触点会断开,电动机则停止运行,保护了电动机。但随着 FR 热元件的热量散发而冷却后,常闭触点又会自动恢复,或人为手动复位。若 PLC 仍未断电,程序依然在执行,则由于 PLC 内部对应 KM 的线圈依然处于"通电"状态,KM 的线圈会再次得电。这样,电动机将在无人操作的情况下再次启动,因而会给机床设备或操作人员带来危害或灾难。而 FR 常闭触点或常开触点作为 PLC 的输入信号时,不会发生上述现象。一般情况下在 PLC 输入点容量充足的情况下不建议将 FR 的常闭触点接在 PLC 的输出端使用。

2. 两台电动机的同时启停控制

在工程应用中,常常用一个启动按钮和一个停止按钮同时控制两台小容量电动机的启动和停止。那么硬件连接和程序该如何编写呢?

(1)两个接触器线圈并联

在 PLC 的输出端将两个接触器线圈并联,这样只需要编写一行启保停程序(注意两个热继电器触点的连接)。千万不能将两个接触器线圈串联,初学者易犯这样的错误。

(2)两个输出线圈并联

用 PLC 的两个输出端分别连接两个接触器线圈,在程序编写时将两个输出线圈相并联即可。

拓展训练

训练 1 用 PLC 实现点动和连续运行的控制,要求用一个点动按钮、一个连续按钮和一个停止按钮实现其控制功能。

训练 2 用 PLC 实现一台电动机的异地启停控制。

任务三　表层料正反转螺旋电动机正反转运行控制

任务清单

项目名称	任务清单内容
任务情境	电动机正转控制螺旋结构顺时针转动带动表层料进入表层料仓，当堆积的表层料高过设定的位置时或者设备故障出现火情时，会发送指令使电动机反转驱使螺旋结构逆时针转动停止表层料进入表层料仓，而将表层料带入废料仓中人工搬运走。那么螺旋结构上的电动机如何用 PLC 控制它的正反转呢？
任务目标	1）掌握 S7-1200 PLC 的基本指令； 2）掌握互锁控制的实现方法； 3）掌握梯形图的编程规则； 4）能应用 S、R 指令编写控制程序； 5）能熟练使用电气互锁； 6）能进行绿色生产，并节约耗材。
任务要求	**要求**：用 PLC 实现三相异步电动机的正反转运行控制，即按下正向启动按钮，电动机启动并正向运转；按下反向启动按钮，电动机启动并反向运转；若按下停止按钮，电动机停止运行。该电路必须具有必要的短路保护、过载保护等功能。
素质目标	强调学生对接线工艺的精细追求，培养学生的工匠精神和对"大国工匠"的敬仰之情。
任务分组	<table><tr><td>班级</td><td></td><td>组号</td><td></td><td>指导老师</td><td></td></tr><tr><td>组长</td><td></td><td>学号</td><td></td><td></td><td></td></tr><tr><td rowspan="4">组员</td><td>姓名</td><td>学号</td><td>姓名</td><td colspan="2">学号</td></tr><tr><td></td><td></td><td></td><td colspan="2"></td></tr><tr><td></td><td></td><td></td><td colspan="2"></td></tr><tr><td></td><td></td><td></td><td colspan="2"></td></tr></table>
任务准备	**引导问题 1** 根据图 1-3-1 描述电动机正反转运行接触器控制原理。

项目名称	任务清单内容
任务准备	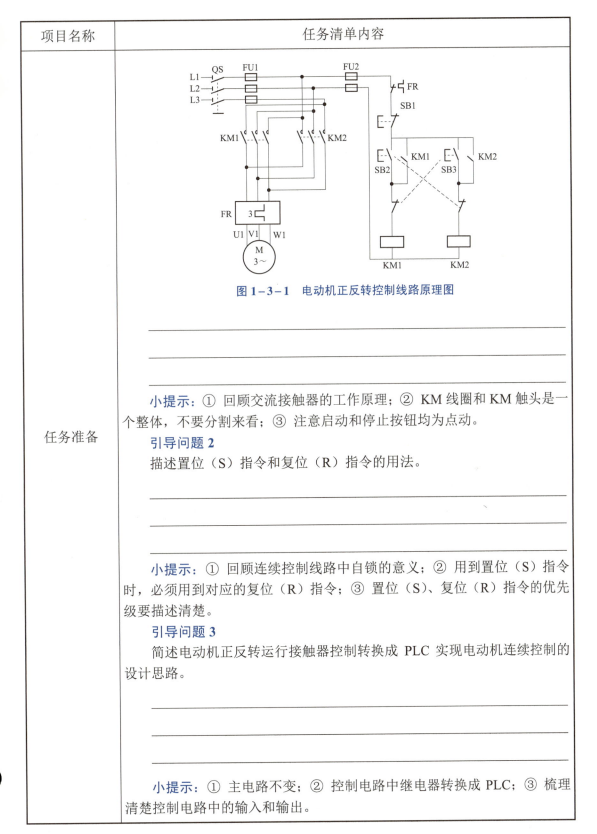 图 1-3-1 电动机正反转控制线路原理图 _____ _____ **小提示**：① 回顾交流接触器的工作原理；② KM 线圈和 KM 触头是一个整体，不要分割来看；③ 注意启动和停止按钮均为点动。 **引导问题 2** 描述置位（S）指令和复位（R）指令的用法。 _____ _____ **小提示**：① 回顾连续控制线路中自锁的意义；② 用到置位（S）指令时，必须用到对应的复位（R）指令；③ 置位（S）、复位（R）指令的优先级要描述清楚。 **引导问题 3** 简述电动机正反转运行接触器控制转换成 PLC 实现电动机连续控制的设计思路。 _____ _____ **小提示**：① 主电路不变；② 控制电路中继电器转换成 PLC；③ 梳理清楚控制电路中的输入和输出。

项目名称	任务清单内容
任务实施	**1. 分配 I/O** 根据任务要求，对输入量、输出量进行梳理，完成表 1-3-1。 表 1-3-1　电动机正反转运行控制输入/输出表 | 输入	输出
	| 小提示：① 主动进行控制的按钮为输入；② 进行电路保护的元器件热继电器也为输入；③ 被动进行的电动机为输出。 电动机正反转运行控制 **2. 连接 PLC 硬件线路** 在图 1-3-2 中完成电动机正反转运行控制 PLC 外部接线。 图 1-3-2　电动机正反转运行控制 PLC 外部接线图

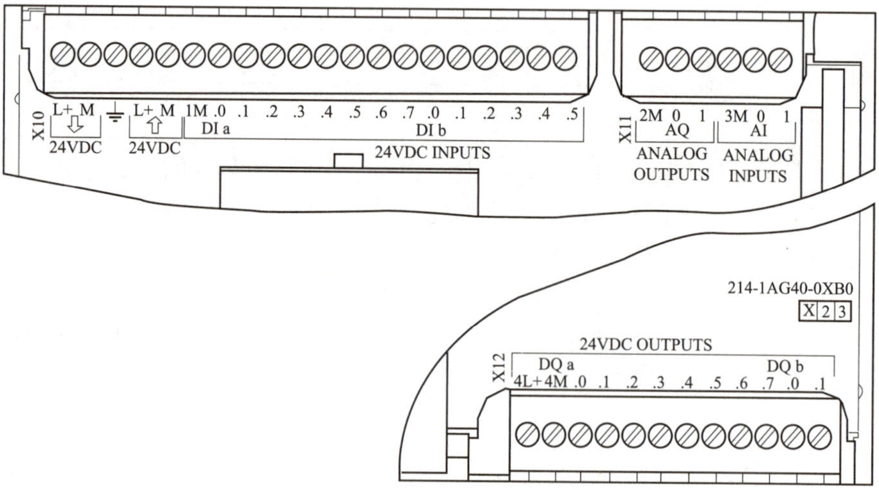

项目名称	任务清单内容
任务实施	小提示：① 电源端 L+和 M 接 24 V 电源；② 输入端接 24 V 电源；③ 输入端口从 I0.0 开始接线；④ 用两个指示灯来模拟负载电动机的正反转，因此输出端 4L 连 24 V 电源，且有两个输出；⑤ 输出端口从 Q0.0 开始接线；⑥ 该电路有两个输出线圈，因此需要两个输出端口。 **3. 创建工程项目** 小提示：将文件命名为"电动机正反转运行控制"，并将文件存放在特定位置；然后与 PLC 硬件匹配，添加 S7-1200 PLC 中的 CPU 1214C DC/DC/DC，其订货号为 6ES7 214-1AG40-0XB0，版本为 V4.0，然后单击右下角"添加"按钮进入程序编辑界面。 电动机正反转运行程序控制 **4. 填写变量表** 完成表 1-3-2。 表 1-3-2 电动机正反转运行控制 I/O 分配表 | 输入			输出		
---	---	---	---	---	---
名称	数据类型	地址	名称	数据类型	地址
						  小提示：① I/O 点位要和硬件接线 I/O 端子对应起来；② 此任务中输入端口为 I0.0～I0.3，输出端口为 Q0.0～Q0.1。 **5. 编写梯形图程序** 给程序段 1、程序段 2 填空，并编写出程序段 3、程序段 4。

项目名称	任务清单内容
任务实施	▼ 程序段1: 正向运行 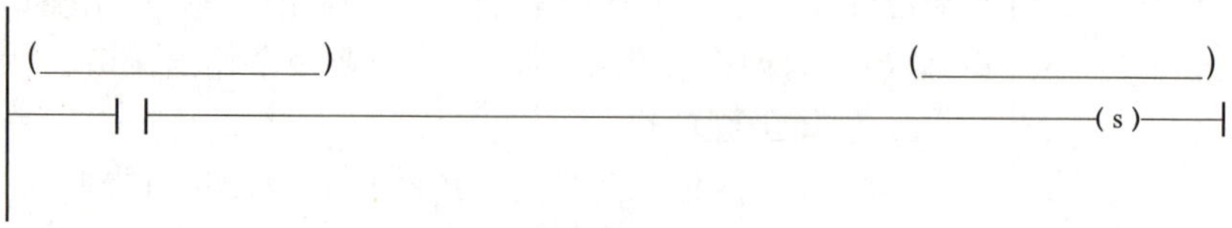 (_____)　　　　　　　　　　　　　　　(_____) —| |—————————————————————————————(s)—| ▼ 程序段2: 正向运行停止 (_____)　　　　　　　　　　　　　　　(_____) —| |—————————————————————————————(R)—| (_____) —| |— (_____) —| |— (_____) —| |—

项目名称	任务清单内容
任务实施	**6. 下载程序并试机** **引导问题 4** 描述控制分析过程： 小提示：① 接通低压断路器 QS 后，按下按钮 SB1 后分析后续相关动作；② 按下按钮 SB2 后看后续动作，理解互锁；③ 电动机可以遇到不同情况进行正反转调节。人生路上换个方向说不定海阔天空。
任务总结	通过完成上述任务，你学到了哪些知识和技能？

项目名称	任务清单内容
任务评价	各组代表展示作品,介绍任务的完成过程,并完成评价表 1-3-3～表 1-3-5。 表 1-3-3 学生自评表 班级:　　　　姓名:　　　　学号: 任务:表层料正反转螺旋电动机正反转运行控制 	评价项目	评价标准	分值	得分
---	---	---	---
完成时间	60 分钟满分,每多 10 分钟减 1 分	10	
理论填写	正确率 100%为 20 分	10	
接线规范	操作规范、接线美观正确	20	
技能训练	程序正确编写满分为 20 分	20	
任务创新	是否用另外编程思路完成任务	10	
工作态度	态度端正,无迟到、旷课	10	
职业素养	安全生产、保护环境、爱护设施	20	
	合计	100	| 表 1-3-4 学生互评表 任务:表层料正反转螺旋电动机正反转运行控制 | 评价项目	分值	等级				评价对象___组
---	---	---	---	---	---	---
计划合理	10	优 10	良 8	中 6	差 4	
方案准确	10	优 10	良 8	中 6	差 4	
团队合作	10	优 10	良 8	中 6	差 4	
组织有序	10	优 10	良 8	中 6	差 4	
工作质量	10	优 10	良 8	中 6	差 4	
工作效率	10	优 10	良 8	中 6	差 4	
工作完整性	10	优 10	良 8	中 6	差 4	
工作规范性	10	优 10	良 8	中 6	差 4	
成果展示	20	优 20	良 16	中 12	差 8	
合计	100						

项目一 位逻辑指令及其应用

项目名称	任务清单内容				
任务评价	表1-3-5 教师评价表				
	班级：		姓名：	学号：	
	任务：表层料正反转螺旋电动机正反转运行控制				
	评价项目	评价标准		分值	得分
	考勤10%	无迟到、旷课、早退现象		10	
	完成时间	60分钟满分，每多10分钟减1分		10	
	理论填写	正确率100%为20分		10	
	接线规范	操作规范、接线美观正确		20	
	技能训练	程序正确编写满分为20分		10	
	任务创新	是否用另外编程思路完成任务		10	
	协调能力	与小组成员之间合作交流		10	
	职业素养	安全生产、保护环境、爱护设施		10	
	成果展示	能准确表达、汇报工作成果		10	
	合计			100	
	综合评价	自评（20%）	小组互评（30%）	教师评价（50%）	综合得分

知识准备

1. 正反转运行的接触器线路控制

图1-3-1所示为用继电接触器控制系统实现的三相异步电动机双重互锁的正反转运行控制电路。启动时，闭合低压断路器 QS 后，当按下正向启动按钮 SB2 时，交流接触器 KM1 线圈得电，其主触点闭合为电动机引入三相正相电源，电动机 M 正向启动，KM1 辅助常开触点闭合实现自锁，同时其辅助常闭触点断开实现互锁。当需要反转时，按下反向启动按钮 SB3，KM1 线圈断电，KM2 线圈得电，KM2 主触点闭合为电动机引入三相反相电源，电动机反向启动，同样 KM2 辅助常开触点闭合，实现自锁，同时其辅助常闭触点断开实现互锁。无论电动机处于正转或反转状态，按下停止按钮 SB1 时，电动机将停止运行。

从图1-3-1可以看出，接触器 KM1 和 KM2 线圈不能同时得电，否则三相电源短路。为此，电路中采用交流接触器常闭触点串联在对方线圈回路作为电气互锁，使电路工作可靠。采用按钮 SB1 和 SB2 的常闭触点，目的是为了让电动机正、反转能直接切换，操作方便，并能起到机械互锁的目的。

2. S、R 指令

（1）S 指令

S（Set）指令也称为置位指令，置位指令梯形图如图 1-3-3 所示。使用置位指令，可将指定操作数的信号状态置位为"1"。仅当线圈输入的逻辑运算结果（RLO）为"1"时，才执行该指令。如果信号流通过线圈（RLO＝"1"），则指定的操作数置位为"1"。如果线圈输入的 RLO 为"0"（没有信号流流过线圈），则指定操作数的信号状态将保持不变。

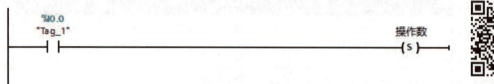

图 1-3-3 置位指令梯形图

S7-1200 置位复位指令

表 1-3-6 列出了置位指令的参数。

表 1-3-6 置位指令参数表

参数	声明	数据类型	存储区	说明
<操作数>	Output	Bool	I、Q、M、D、L	RLO 为"1"时置位的操作数

（2）R 指令

R（Reset）指令又称为复位指令，复位指令梯形图如图 1-3-4 所示。可以使用复位指令将指定操作数的信号状态复位为"0"。仅当线圈输入的逻辑运算结果（RLO）为"1"时，才执行该指令。如果信号流通过线圈（RLO＝"1"），则指定的操作数复位为"0"。如果线圈输入的 RLO 为"0"（没有信号流流过线圈），则指定操作数的信号状态将保持不变。

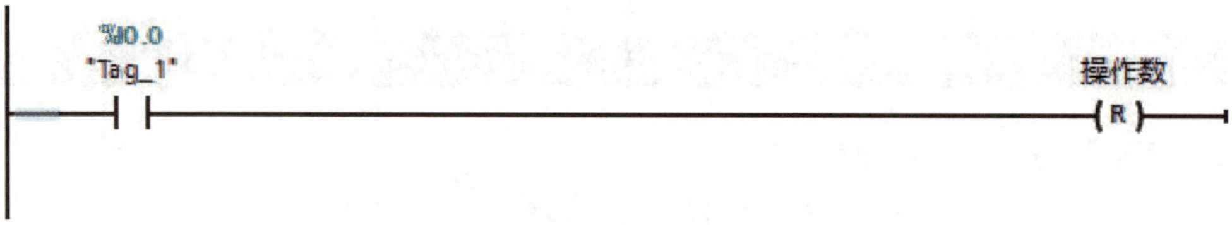

图 1-3-4 复位指令梯形图

表 1-3-7 列出了置位指令的参数。

表 1-3-7 复位指令参数表

参数	声明	数据类型	存储区	说明
<操作数>	Output	Bool	I、Q、M、D、L	RLO 为"1"时复位的操作数

（3）S、R 指令的优先级

在程序中同时使用 S 和 R 指令，应注意两条指令的先后顺序，使用不当有可能导致程序控制结果错误。在图 1-3-5 中，置位指令在前，复位指令在后，当 I0.0 和 I0.1 同时接通时，复位指令优先级高，Q0.0 中没有信号流流过。相反，在图 1-3-6 中将置位与复位指令的先后顺序对调，当 I0.0 和 I0.1 同时接通时，置位优先级高，Q0.0 中有信号流流过。因此，使用置位和复位指令编程时，哪条指令在后面，则该指令的优先级高，这一点在编程时应引起注意。

图 1-3-5　置位、复位指令优先级 1

图 1-3-6　置位、复位指令优先级 2

（4）SET_BF 指令

SET_BF 指令又称为置位位域指令，置位位域指令梯形图如图 1-3-7 所示。使用置位位域（Set bit field）指令，可对从某个特定地址开始的多个位进行置位。可使用<操作数 1>指定要置位的位数。要置位位域的首位地址由<操作数 2>指定。<操作数 1>的值不能大于选定字节中的位数。如果该值大于选定字节中的位数，则将不执行该条指令且显示错误消息"超出索引<操作数 1>的范围"（Range violation for index<Operand1>）。在通过另一条指令显式复位这些位之前，它们会保持置位。

图 1-3-7　置位位域指令梯形图

在该指令下方的操作数占位符中，指定<操作数 1>，在该指令上方的操作数占位符中，指定<操作数 2>。

仅在线圈输入端的逻辑运算结果（RLO）为"1"时，才执行该指令。如果线圈输入端的 RLO 为"0"，则不会执行该指令。

类型为 PLC 数据类型、STRUCT 或 ARRAY 的位域：具有 PLC 数据类型、STRUCT 或 ARRAY 结构时，结构中所包含的位数即为可置位的最大位数。

例如，如果在<操作数1>中指定值"20"而结构中仅包含 10 位，则仅置位这 10 个位。

例如，如果在<操作数1>中指定值"5"而结构中包含 10 位，则仅置位 5 个位。

表 1-3-8 列出了置位位域指令的参数。

表 1-3-8　置位位域指令参数表

参数	声明	数据类型	存储区	说明
<操作数1>	Input	UINT	常数	要置位的位数
<操作数2>	Output	Bool	I、Q、M、DB 或 IDB，Bool 类型的 ARRAY […] 中的元素	指向要置位的第一个位的指针

（5）RESET_BF 指令

RESET_BF 指令又称为复位位域指令，复位位域指令梯形图如图 1-3-8 所示。可以使用复位位域（Reset bit field）指令复位从某个特定地址开始的多个位。

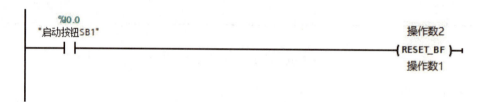

图 1-3-8　复位位域指令梯形图

可以使用<操作数1>的值来指定要复位的位数。要复位的第一个位的地址由<操作数2>定义。<操作数1>的值不能大于选定字节中的位数。如果该值大于选定字节的位数，则将不执行该条指令且显示错误消息"超出索引<操作数1>的范围"（Range violation for index <Operand1>）。在通过另一条指令显式复位这些位之前，它们会保持置位。

在该指令下方的操作数占位符中，指定<操作数1>，在该指令上方的操作数占位符中，指定<操作数2>。

仅当线圈输入的逻辑运算结果（RLO）为"1"时，才执行该指令。如果线圈输入的 RLO 为"0"，则不会执行该指令。

类型为 PLC 数据类型、STRUCT 或 ARRAY 的位域：具有 PLC 数据类型、STRUCT 或 ARRAY 结构时，结构中所包含的位数即为可复位的最大位数。

例如，如果在<操作数1>中指定值"20"而结构中仅包含 10 位，则仅复位这 10 个位。

例如，如果在<操作数1>中指定值"5"而结构中包含 10 位，则仅复位 5 个位。

表 1-3-9 列出了复位位域指令的参数。

表 1-3-9 复位位域指令参数表

参数	声明	数据类型	存储区	说明
<操作数 1>	Input	UINT	常数	要置位的位数
<操作数 2>	Output	Bool	I、Q、M、DB 或 IDB，Bool 类型的 ARRAY […] 中的元素	指向要复位的第一个位的指针

3. PLC 的主要编程语言

国际电工委员会（IEC）于 1994 年 5 月颁布的 IEC 61131-3（可编程序控制器语言标准）详细地说明了句法、语义和下述 5 种编程语言：梯形图（Ladder Diagram，LAD）、语句表（Statement List，STL）、功能块图（Function Block Diagram，FBD）、顺序功能表图（Sequential Function Chart，SFC）、结构文本（Structured Text，ST）。几乎每个型号的 PLC 都有梯形图和语句表。标准中有两种图形语言——梯形图和功能块图，还有两种文字语言——语句表和结构文本，可以认为顺序功能图是一种结构块控制流程图。

S7-1200 的程序结构

（1）梯形图

梯形图是使用最多的 PLC 图形编程语言。梯形图与继电接触器控制系统的电路图相似，具有直观易懂的优点，很容易被工程技术人员熟悉和掌握，特别适用于数字量逻辑控制，有时把梯形图称为电路或程序。梯形图程序设计语言具有以下特点。

① 梯形图由触点、线圈和用方框表示的功能块组成。

② 梯形图中的触点只有常开和常闭两种，触点可以是在 PLC 输入点连接的开关，也可以是 PLC 内部计数器、寄存器等的状态。

③ 梯形图中的触点可以任意串、并联，但线圈只能并联不能串联。

④ 内部继电器、计数器、寄存器等均不能直接控制外部负载，只能作为中间结果供 CPU 内部使用。

⑤ PLC 是按循环扫描事件，沿梯形图先后顺序执行，在同一扫描周期中的结果留在输出状态寄存器中，所以输出点的值在用户程序中可以被当作条件使用。

（2）语句表

语句表是使用助记符书写程序，属于 PLC 的基本编程语言。它具有以下特点：

① 利用助记符号表示操作功能，具有容易记忆、便于掌握的特点。

② 在编程器的键盘上就可以进行编程设计，便于操作。

③ 一般 PLC 程序的梯形图和语句表可以互相转换。

④ 部分梯形图以及其他编程语言无法表达的 PLC 程序，必须使用语句表才能编程。

（3）功能块图

功能块图采用类似于数字逻辑门电路的图形符号，逻辑直观、使用方便，它有与梯形图中的触点和线圈等价的指令，可以解决范围广泛的逻辑问题。该编程语言中的方框左侧为逻辑运算的输入变量，右侧为输出变量，输入、输出端的小圆圈表示"非"运算，方框被"导线"连接在一起，信号从左向右流动。功能块图程序设计语言具有如下特点：

① 以功能模块为单位，从控制功能入手，使控制方案的分析和理解变得容易。

② 功能模块用图形化的方法描述功能，它的直观性大大方便了设计人员的编程和组态，有较好的易操作性。

③ 对控制规模较大、控制关系较复杂的系统，由于功能块图可以较清楚地表达控制功能的关系，因此编程和组态时间可以缩短，调试时间也能减少。

（4）顺序功能图

顺序功能图也称为流程图或状态转移图，是一种图形化的功能性说明语言，专用于描述工业顺序控制程序，使用它可以对具有并行、选择等复杂结构的系统进行编程。顺序功能图程序设计语言具有如下特点：

① 以功能为主线，条理清楚，便于对程序操作的理解和沟通。

② 对大型的程序，可分工设计，采用较为灵活的程序结构，可节省程序设计时间和调试时间。

4. 梯形图的编程规则

梯形图与继电接触器控制系统电路图相近，结构形式、元件符号及逻辑控制功能是类似的，但梯形图具有自己的编程规则。

① 输入/输出继电器、内部辅助继电器、定时器等元件的触点可多次重复使用，无须用复杂的程序结构来减少触点的使用次数。

② 梯形图按自上而下、从左到右的顺序排列。每个继电器线圈为一个逻辑行，即一层阶梯。每一逻辑行开始于左母线，然后是触点的连接，最后终止于继电器线圈，触点不能放在线圈的右边。

③ 线圈也不能直接与左母线相连。若需要，可以通过专用内部辅助继电器 M 的常开触点连接。

④ 同一编号的线圈在一个程序中使用两次及以上，则为双线圈输出。双线圈输出容易引起误操作，应避免线圈的重复使用（前面的线圈输出无效，只有最后一个线圈输出有效）。

⑤ 在梯形图中，串联触点和并联触点可无限制使用。串联触点多的应放在程序的上面，并联触点多的应放在程序的左面，以减少指令条数，缩短扫描周期。

⑥ 遇到不可编程的梯形图时，可根据信号流的流向规则，即自左而右、自上而下，对原梯形图重新设计，以便程序的执行。

⑦ 两个或两个以上的线圈可以并联输出。

注意事项

1. 电气互锁

在很多工程应用中，经常需要电动机可逆运行，即正、反转，也就是需要正转时不能反转，反转时不能正转，否则会造成电源短路。在继电接触器控制系统中通过使用机械和电气互锁来解决此问题。在 PLC 控制系统中，虽然可通过软件实现互锁，即正反两输出线圈不能同时得电，但不能从根本上杜绝电源短路现象的发生（如一个接触器线圈虽失电，若其触点因熔焊不能分离，此时另一个接触器线圈再得电，就会发生电源短路现象），所以必须在接触器的线圈回路中串联对方的辅助常闭触点，如图 1-3-1 所示。

2. S、R 指令使用注意事项

在使用 S 指令或 R 指令时，数值 n 是不是无限制的呢？答案是否定的，其数据 n 的范围为 1~255，置位或复位的所有线圈编号必须连续，否则必须多次使用 S 指令或 R 指令。

拓展训练

训练 1 用启–保–停的编程方法实现电动机的正、反转运行控制。

训练 2 用置位触发器指令编程实现电动机的正、反转运行。

任务四　板材运输滚筒循环启停运行控制

任务清单

项目名称	任务清单内容
任务情境	秸秆刨花板切割成形后在进入仓库前需要进行降温处理，通过将按照尺寸切割完的板材放置在大型转盘上翻板旋转实现降温。将板材运输到转盘上靠的是运输线上的滚筒，当板材靠近晾板架入口时，滚筒停止转动，惯性作用下恰好将板材放置在晾板架尾端上，放置完毕后，晾板架转动，然后滚筒开始快速转动将下一块板材运输过来，当板材靠近晾板架时，滚筒停止转动，如此循环启停控制。那么如何用 PLC 实现滚筒上电动机的循环启停运行控制呢？
任务目标	1）掌握计数器指令； 2）掌握边沿触发指令； 3）掌握电路块连接指令； 4）能正确选用计数器指令编写控制程序； 5）能进行计数范围的扩展。
素质目标	培养学生利用 PLC 解决实际问题的能力，具有克服困难解决问题的信心和决心，从战胜困难，实现目标，完善成果中体会喜悦，与国家迈向"制造强国"同频前进。
任务要求	根据上述控制要求可知，发出命令的元器件分别为启动按钮、停止按钮和热继电器正向运转 5 s，停止 3 s，再反向运转 5 s，停止 3 s，然后再正向运转，如此循环 5 次后停止运转。 　　若按下停止按钮松开时，电动机才停止运行。该电路必须具有必要的短路保护、过载保护等功能。
任务分组	班级　　　　　组号　　　　　指导老师　　　　 组长　　　　　学号　　　　　 组员　姓名　　　学号　　　姓名　　　学号

项目一　位逻辑指令及其应用

项目名称	任务清单内容
任务准备	**引导问题 1** 简述上升沿和下降沿指令的用法。 _____ _____ _____ _____ 小提示：① 上升沿只在通电那一瞬间会接通，下降沿只在断电那一瞬间会接通；② 上升沿和下降沿每次只能传递一个信号，不能传输连续信号。 **引导问题 2** 简述接通延时定时器和断电延时定时器的用法。 _____ _____ _____ 小提示：① 接通延时定时器通电后，到达设定时间后定时器才会接通；② 断电延时定时器断电后，到达设定时间后定时器才会断开；③ 接通延时定时器常被当成计时器使用；④ 时间的精确控制在工业上极其重要，大家在日常要养成良好的时间观念。 **引导问题 3** 简述加计数器的用法。 _____ _____ _____ 小提示：① 接收单个信号时会递增 1；② 接收连续信号时会连续递增 1，意义不大，因此加计数器一般和上升沿、下降沿或者定时器一起使用；③ 断电后加计时器不会复位；④ 在无特殊要求情况下，建议在程序中做一个上升沿使系统开启时将计数器复位掉。
任务实施	**1. 分配 I/O** 根据任务要求，对输入量、输出量进行梳理，完成表 1-4-1。 表 1-4-1　电动机循环启停控制输入/输出表 | 输入	输出
	| 电动机循环启停运行控制

项目名称	任务清单内容
任务实施	**小提示**：① 主动进行控制的按钮为输入；② 进行电路保护的元器件热继电器也为输入；③ 被动进行的电动机为输出。 **2. 连接 PLC 硬件线路** 在图 1-4-1 中完成电动机循环启停运行控制 PLC 外部接线。 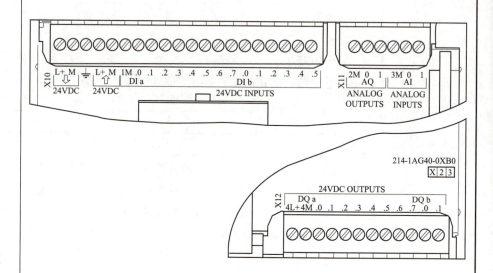 图 1-4-1　电动机循环启停运行控制 PLC 外部接线图 **小提示**：① 电源端 L+ 和 M 接 24 V 电源；② 输入端接 24 V 电源；③ 输入端口从 I0.0 开始接线；④ 用两个指示灯来模拟负载电动机的正反转，因此输出端 4L 连 24 V 电源，且有两个输出；⑤ 输出端口从 Q0.0 开始接线。 **3. 创建工程项目** **小提示**：将文件命名为"电动机循环启停运行控制"，并将文件存放在特定位置；然后与 PLC 硬件匹配，添加 S7-1200 PLC 中的 CPU 1214C DC/ DC/DC，其订货号为 6ES7 214-1AG40-0XB0，版本为 V4.0，然后单击右下角"添加"按钮进入程序编辑界面。 **4. 填写变量表** 完成表 1-4-2。

电动机循环启停运行控制程序设计 1

电动机循环启停运行控制程序设计 2

项目一 位逻辑指令及其应用

项目名称	任务清单内容

表 1-4-2 电动机循环启停控制 I/O 分配表

输入			输出		
名称	数据类型	地址	名称	数据类型	地址

小提示：① I/O 点位要和硬件接线 I/O 端子对应起来；② 此任务中输入端口为 I0.0~I0.2，输出端口为 Q0.0~Q0.1。

5. 撰写梯形图程序

▼ 程序段 1：

电动机正转5s

```
   %I0.0              %M0.0                        %Q0.0
"启动按钮SB1"         "Tag_6"                   "正转接触器KM1"
   ─┤ ├──────┬───────┤/├──────────────────────────( )──
                │
   %Q0.0        │                                  %DB3
"正转接触器KM1"  │                              "正转5s定时"
   ─┤ ├──┐     │                                   TON
         │     │                                   Time
   (___)(___)  │                              ──IN       Q──
         │     │                              (___)─PT  ET──T#0ms
   ─┤ ├──┴─┤/├─┘
```

▼ 程序段 2：

停止3s

```
"正转5s定时".Q    (_____)                         %M0.0
   ─┤ ├────┬─────┤/├─────────────────────────────"Tag_6"
           │                                       ( )──
           │                                      %DB5
   (___)   │                                 "正转停止3s定时"
   ─┤ ├────┘                                       TON
                                                   Time
                                              ──IN       Q──
                                         T#3s─PT  ET──T#0ms
```

57

项目名称	任务清单内容
任务实施	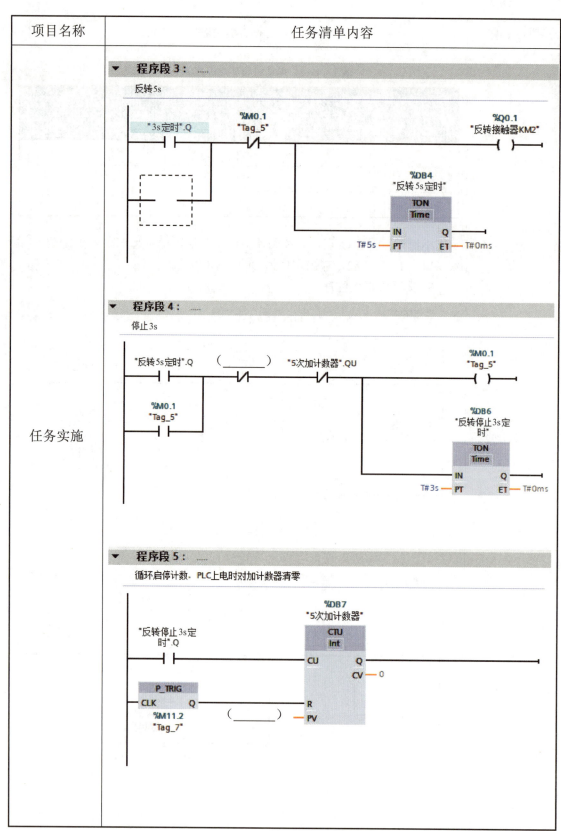

项目名称	任务清单内容
| 任务实施 | ▼ **程序段6：** ……<br>按下停止按钮或者电动机过载时电动机停止<br><br>```
    %I0.1                                          %Q0.0
"停止按钮SB2"      N_TRIG                      "正转接触器KM1"
    ─┤├──────────┤CLK    Q├─────────────────────┤R├
                    %M11.3                      
                    "Tag_9"                    (_____)
                                               ─┤R├
    (_____)
    ─┤├──────────                                  %M0.0
                                                "Tag_6"
                                               ─┤R├
                                                  %M0.1
                                                "Tag_5"
                                               ─┤R├
                                           "5次加计数器".CU
                                               ─┤R├
```<br><br>1）完成程序段 1~6 中的填空。<br>**小提示**：① 先把程序段 2~6 填完后再回头填程序段 1；② 将程序段 2 与程序段 1 结合起来，思考 M0.0 的作用，什么时候需要线圈 M0.0 闭合，以及是否需要自锁；③ 程序段 3 中 Q0.1 是否需要自锁；④ 程序段 4 中 M0.1 起什么作用；⑤ 程序段 5 中，回顾 CTU 指令的用法；⑥ 程序段 6 中，思考停止后需要对哪些指令进行复位以及哪些条件可以使电动机停止，然后完成相应填空。<br><br>2）描述 M0.0 所起作用：<br>_____<br><br>3）程序段 4 中为什么要将加计数器的输出放在这里？<br>_____<br><br>4）程序段 5 中为什么要用到上升沿？<br>_____<br><br>**6. 下载程序并试机**<br>**引导问题 4**<br>描述控制分析过程： |
```

项目名称	任务清单内容
任务实施	小提示：① 接通低压断路器 QS 后，按下按钮 SB 后分析后续相关动作；② 理解循环启停原理；③ 电动机启启停停实现货物稳定运转，人生也可以试着走走停停，看见更好的风景。
任务总结	通过完成上述任务，你学到了哪些知识和技能？
任务评价	各组代表展示作品，介绍任务的完成过程，并完成评价表 1-4-3～表 1-4-5。 表 1-4-3 学生自评表 {tbl}

其中 {tbl}：

班级：	姓名：	学号：
任务：板材运输滚筒循环启停运行控制		
评价项目	评价标准	分值	得分
完成时间	60 分钟满分，每多 10 分钟减 1 分	10	
理论填写	正确率 100%为 20 分	10	
接线规范	操作规范、接线美观正确	20	
技能训练	程序正确编写满分为 20 分	20	
任务创新	是否用另外编程思路完成任务	10	
工作态度	态度端正，无迟到、旷课	10	
职业素养	安全生产、保护环境、爱护设施	20	
合计		100	

项目一　位逻辑指令及其应用

项目名称	任务清单内容
任务评价	表1-4-4　学生互评表 任务：板材运输滚筒循环启停运行控制 	评价项目	分值	等级				评价对象＿＿组
---	---	---	---	---	---	---
计划合理	10	优10	良8	中6	差4	
方案准确	10	优10	良8	中6	差4	
团队合作	10	优10	良8	中6	差4	
组织有序	10	优10	良8	中6	差4	
工作质量	10	优10	良8	中6	差4	
工作效率	10	优10	良8	中6	差4	
工作完整性	10	优10	良8	中6	差4	
工作规范性	10	优10	良8	中6	差4	
成果展示	20	优20	良16	中12	差8	
合计	100					| 表1-4-5　教师评价表 班级：　　　　　姓名：　　　　　学号： 任务：板材运输滚筒循环启停运行控制 | 评价项目	评价标准	分值	得分
---	---	---	---
考勤10%	无迟到、旷课、早退现象	10	
完成时间	60分钟满分，每多10分钟减1分	10	
理论填写	正确率100%为20分	10	
接线规范	操作规范、接线美观正确	20	
技能训练	程序正确编写满分为20分	10	
任务创新	是否用另外编程思路完成任务	10	
协调能力	与小组成员之间合作交流	10	
职业素养	安全生产、保护环境、爱护设施	10	
成果展示	能准确表达、汇报工作成果	10	
合计		100	
综合评价	自评 （20%）	小组互评 （30%）	教师评价 （50%）	综合得分

61

知识准备

1. 增计数器指令

增计数器（CTU，Counter Up）指令的梯形图如图 1-4-2 所示，由增计数器助记符 CTU、计数脉冲输入端 CU、复位信号输入端 R、设定值 PV 和计数器编号 Cn 构成，编号范围为 0~255。

增计数器指令应用如图 1-4-3 所示。增计数器的复位信号 I0.1 接通时，计数器 C0 的当前值 SV=0，计数器不工作。当复位信号 I0.1 断开时，计数器 C0 可以工作。每当一个计数脉冲的上升沿到来时（I0.0 接通一次），计数器的当前值 SV=SV+1。当 SV 等于设定值 PV 时，计数器的输出位变为 ON，线圈 Q0.0 中有信号流流过。若计数脉冲仍然继续，计数器的当前值仍不断累加，直到 SV=32 767（最大）时，才停止计数。只要 SV≥PV，则计数器的常开触点接通，常闭触点断开。直到复位信号 I0.1 接通时，计数器的 SV 复位清零，计数器停止工作，其常开触点断开，线圈 Q0.0 没有信号流流过。

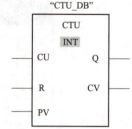

图 1-4-2 增计数器指令梯形图

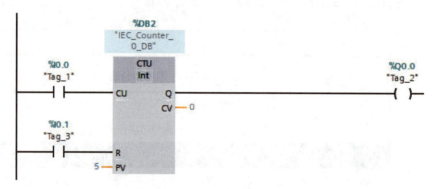

图 1-4-3 增计数器指令应用

2. 边沿触发指令

（1）P_TRIG 指令

P_TRIG 指令也称为上升沿检测指令或称为正跳变指令，上升沿检测指令的应用如图 1-4-4 所示。所谓上升沿检测指令是指当 I0.0 的状态由断开变为接通时（即出现上升沿的过程），上升沿检测指令对应的常开触点接通一个扫描周期（T），使得线圈 Q0.0 仅得电一个扫描周期。若 I0.0 的状态一直接通或断开，则线圈 Q0.0 也不得电。

图 1-4-4 上升沿指令应用

S7-1200 上升沿下降沿指令

（2）N_TRIG 指令

N_TRIG 指令也称为下降沿检测指令或称为负跳变指令，下降沿检测指令的应用如图 1-4-5 所示。所谓下降沿检测指令是指当 I0.0 的状态由接通变为断开时（即出现下降沿的过程），下降沿检测指令对应的常开触点接通一个扫描周期，使得线圈 Q0.0 仅得电一个扫描周期。

图 1-4-5 下降沿指令应用

上升沿和下降沿检测指令用来检测状态的变化，可以用来启动一个控制程序、启动一个运算过程、结束一段控制等。

（3）使用注意事项

① P_TRIG、N_TRIG 指令后无操作数。

② 上升沿和下降沿检测指令不能直接与左母线相连，必须接在常开或常闭触点之后。

③ 当条件满足时，上升沿和下降沿检测指令的常开触点只接通一个扫描周期，接受控制的元件应接在这一触点之后。

3. 减计数器指令

减计数器（CTD，Counter Down）指令的梯形图如图 1-4-6 所示，由减计数器助记符 CTD、计数脉冲输入端 CD、装载输入端 LD、设定值 PV 和计数器编号 Cn 构成，编号范围为 0~255。

减计数器指令的应用如图 1-4-7 所示。减计数器的装载输入端信号 I0.1 接通时，计数器 C0 的设定值 PV 被装入计数器的当前值寄存器，此时 SV=PV，计数器不工作。当装载输入信号端信号 I0.1 断开时，计数器 C0 可以工作。每当一个计数脉冲到来时（即 I0.0 接通一次），计数器的当前值 SV=SV−

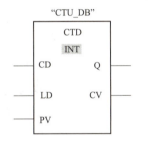

图 1-4-6 减计数器指令梯形图

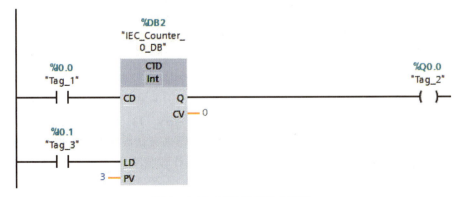

图 1-4-7 减计数器指令应用

1. 当 SV=0 时，计数器的位变为 ON，线圈 Q0.0 有信号流流过。若计数脉冲仍然继续，计数器的当前值仍保持 0。这种状态一直保持到装载输入端信号 I0.1 接通，再一次装入 PV 值之后，计数器的常开触点复位断开，线圈 Q0.0 没有信号流流过，计数器才能再次重新开始计数。只有在当前值 SV=0 时，减计数器的常开触点接通，线圈 Q0.0 有信号流流过。

4. 增减计数器指令

增减计数器（CTUD，Counter Up/Down）指令的梯形图如图 1-4-8 所示，由增减计数器助记符 CTUD、增计数脉冲输入端 CU、减计数脉冲输入端 CD、复位端 R、设定值 PV 和计数器编号 Cn 构成，编号范围为 0~255。

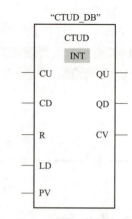

图 1-4-8 增减计数器指令梯形图

增减计数器指令的应用如图 1-4-9 所示。增减计数器的复位信号 I0.2 接通时，计数器 C0 的当前值 SV=0，计数器不工作。当复位信号断开时，计数器 C0 可以工作。

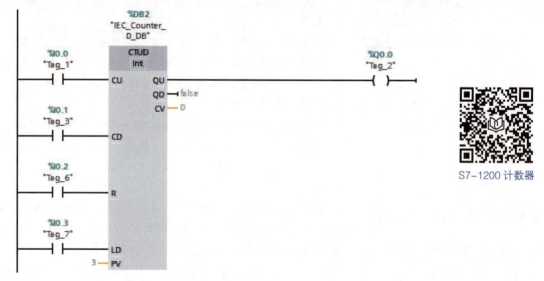

图 1-4-9 增减计数器指令应用

每当一个增计数脉冲到来时，计数器的当前值 SV=SV+1。当 SV≥PV 时，计数器的常开触点接通，线圈 Q0.0 有信号流流过。这时若再来增计数脉冲，计数器的当前值仍不断地累加，直到 SV=+32 767（最大值），如果再有增计数脉冲到来，当前值变为-32 768，再继续进行加计数。

每当一个减计数脉冲到来时，计数器的当前值 SV=SV-1。当 SV＜PV 时，计数器的常开触点复位断开，线圈 Q0.0 没有信号流流过。这时若再来减计数脉冲，计数器的当前值仍不断地递减，直到 SV=-32 768（最小值），如果再有减计数脉冲到来，当前值变为+32 767，再继续进行减计数。

复位信号 I0.2 接通时，计数器的 SV 复位清零，计数器停止工作，其常开触点复位断开，线圈 Q0.0 没有信号流流过。

使用增减计数器指令的注意事项：

① 增计数器指令用语句表表示时，要注意计数输入（第一个 LD）、复位信号输入（第二个 LD）和增计数器指令的先后顺序不能颠倒。

② 减计数器指令用语句表表示时，要注意计数输入（第一个 LD）、装载信号输入（第二个 LD）和减计数器指令的先后顺序不能颠倒。

③ 增减计数器指令用语句表表示时，要注意增计数输入（第一个 LD）、减计数输入（第二个 LD）、复位信号输入（第三个 LD）和增减计数器指令的先后顺序不能颠倒。

④ 在同一个程序中，虽然 3 种计数器的编号范围都为 0~255，但不同计数器不能使用两个相同的计数器编号，否则会导致程序执行时出错，无法实现控制目的。

⑤ 计数器的输入端为上升沿有效。

5. 接通延时定时器（TON）

接通延时定时器如图 1-4-10 所示。接通延时定时器输入端 IN 的输入电路由断开变为接通时，定时器开始定时。定时时间达到 PT 指定的设定值时，输出端 Q 变为"1"状态，已耗时间 ET 保持不变。

图 1-4-10　接通延时定时器指令应用

输入端 IN 的电路断开时，定时器被复位，已耗时间被清零，输出端 Q 变为"0"状态。

CPU 第一次扫描时，定时器输出端 Q 被清零。如果输入端 IN 在未达到 PT 设定的时间时变为"0"状态。I0.0 为"1"状态时，定时器复位线圈 RT 得电，定时器被复位，已耗时间被清零，输出端 Q 变为"0"状态。I0.0 变为"0"状态时，如果输入端 IN 为"1"状态，定时器将开始重新定时。

6. 断开延时定时器（TOF）

断开延时定时器如图 1-4-11 所示。当输入端 IN 的输入电路接通时，输出端 Q 为"1"状态，已耗时间被清零。输入电路由接通变为断开时，定时器开始定时，已耗时间从 0 逐渐

图 1-4-11　断开延时定时器指令应用

增大。已耗时间大于等于设定值时，输出端 Q 变为"0"状态，已耗时间保持不变，直到输入电路接通。断开延时定时器可以用于设备停机后的延时，例如大型变频电动机的冷却风扇的延时。

如果已耗时间未达到 PT 设定的值，输入端 IN 就变为"1"状态，输出端 Q 将保持"1"状态不变，I0.0 为"1"时，定时器复位线圈 RT 得电。如果此时输入端 IN 为"0"状态，则定时器被复位，已耗时间被清零，输出端 Q 变为"0"状态。如果复位时输入端 IN 为"1"状态，则复位信号不起作用。

注意事项

1. 计数范围扩展

在工业生产中，常需要对加工零件进行计数，若采用 S7-1200 PLC 中的计数器进行计数，只能计 32 767 个零件，远远达不到计数要求，那如何拓展计数范围呢？只需要将多个计数器进行串联即可解决计数器范围拓展问题，即第一个计数器计到某个数（如 30 000），再触发第二个计数器，将其当前值加 1，当其计数到 30 000 时，计数范围已扩大到 9 亿。如若不够可再触发第三个计数器，这样串联使用，可将计数范围拓展到无限大。

2. 计数器的计数频率

普通计数器能对高速连续不断的零件进行计数吗？即它的计数脉冲的频率为多少呢？这与控制系统程序量有关系，即与 PLC 的扫描周期有关。一般情况下计数脉冲频率在百赫兹以上，建议对高速连续不断的零件计数使用后续内容中所讲的高速计数器，此计数器最高计数脉冲频率可达 100 kHz。

拓展训练

训练 1　用 PLC 实现电动机延时启动控制，要求使用计数器和定时器实现按下启动按钮 5 h 后电动机启动并运行。

训练 2　用 PLC 实现地下车库有无空余车位显示控制，设地下车库共有 100 个停车位。要求有车辆入库时，空余车位数减 1，有车辆出库时，空余车位数加 1，当有空余车位时绿灯亮，无空余车位时红灯亮并以秒级闪烁，以提示车库已无空余车位。

项目二 数据处理指令及其应用

 拓展阅读

修旧如旧　匠心楷模

人物事例

刘更生是中国非物质文化遗产京作硬木家具制作技艺代表性传承人,从事"京作"硬木家具制作与古旧家具修复已近40年。他多次参与重要文物的大修与复制,2013年故宫博物院"平安故宫"工程中,他成功修复故宫养心殿的无量寿宝塔、满雕麟龙大镜屏等数十件木器文物,复刻了故宫博物院金丝楠鸾凤顶箱柜、金丝楠雕龙朝服大柜,使经典再现,传承于世,为"京作"技艺、民族文化的继承和发扬作出了贡献。他多次承担国家重点工程任务,参与制作了香山勤政殿、颐和园延赏斋、北京首都机场专机楼元首厅等项目的经典家具,设计制作了2014年APEC峰会21位元首桌椅、内蒙古自治区成立70周年大座屏、宁夏回族自治区成立60周年贺礼、国庆70周年天安门城楼内部木质装饰等国家重点工程家具。他设计的"APEC系列托泥圈椅"荣获世界手工艺产业博览会"国匠杯"银奖。2021年4月,天坛家具成为"北京2022年冬奥会和冬残奥会官方生活家具供应商",他秉承"产业报国、传承经典"

理念,向世界讲好中国优秀传统文化,在冬奥会场馆中再现中华传统文化魅力。

人物速写

凭借多年的经验和精湛技艺,心怀对中华传统文化的热爱与尊重,他先后参与了故宫博物院、国家博物馆、颐和园和香山等多处古旧家具的大修与复刻,让许多珍贵文物重现光彩;他数次承担国家外事活动所用家具的设计与制作,向世界展示着中式家具所蕴含的中华文化的独特魅力。

十年来,我国装备制造业取得了历史性成就、发生了历史性变革。

任务一　跑马灯系统控制

任务清单

项目名称	任务清单内容
任务情境	在生产车间,经常需要在显示屏通过跑马灯进行滚动播放安全警示或者通知相关事宜,那么如何利用 PLC 实现跑马灯系统控制呢?
任务目标	1)掌握数据类型; 2)掌握移动值指令; 3)掌握移位指令; 4)掌握循环移位指令; 5)能编程跑马灯控制系统应用程序; 6)能按照自己想法进行流水灯控制设计。
素质目标	培养学生具有实事求是的科学态度,乐于从经历中实践、检验和判断各种技术问题。
任务要求	用 PLC 实现一个 8 灯的跑马灯控制,要求按下开始按钮后,第 1 盏灯亮,1 s 后第 2 盏灯亮,再过 1 s 后第 3 盏灯亮,直到第 8 盏灯亮;再过 1 s 后,第 1 灯再次亮起,如此循环。无论何时按下停止按钮,8 盏灯全部熄灭。
任务分组	班级 / 组号 / 指导老师 组长 / 学号 组员 姓名 学号 姓名 学号

项目名称	任务清单内容
任务准备	**引导问题 1** S7–1200 基本数据类型： _____ _____ _____ _____ _____ _____ **小提示**：详细了解布尔型、字节型、双字节型、浮点型、整型等数据类型定义以及使用场景。 **引导问题 2** 移动值指令的用法： _____ _____ _____ _____ **小提示**：① 数据传输指令左右两旁数据类型要对应；② 注意数据传输指令的操作范围。 **引导问题 3** 移位指令的用法： _____ _____ _____ _____ **小提示**：① 移位指令包括左移指令和右移指令；② 实际移位位数不能大于最大允许值（字节操作为 8 位，字操作为 16 位，双字操作为 12 位）。 **引导问题 4** 循环移位指令的用法： _____ _____ _____

项目名称	任务清单内容
任务准备	**小提示**：循环移位是环形的，移出来的一位将返回到另一端空出来的位置。 **引导问题 5** 程序中 QB0 的用法，并举例说明应用场景： _____ _____ _____ S7-1200 寻址方式 **小提示**：Q 是输出点的意思，B 是字节，一个字节有 8 个位，那么 QB0 代表输出 0 组的这八个位，分别是 Q0.0～Q0.7。
任务实施	**1. 分配 I/O** 根据任务要求，对输入量、输出量进行梳理，完成表 2-1-1。 表 2-1-1 跑马灯控制输入/输出表 | 输入	输出
	| **小提示**：① 主动进行控制的按钮为输入；② 此任务设计了 8 盏灯依次点亮，因此有 8 个输出。 **2. 连接 PLC 硬件线路** 在图 2-1-1 中完成跑马灯控制 PLC 外部接线。 跑马灯运行控制

项目名称	任务清单内容
任务实施	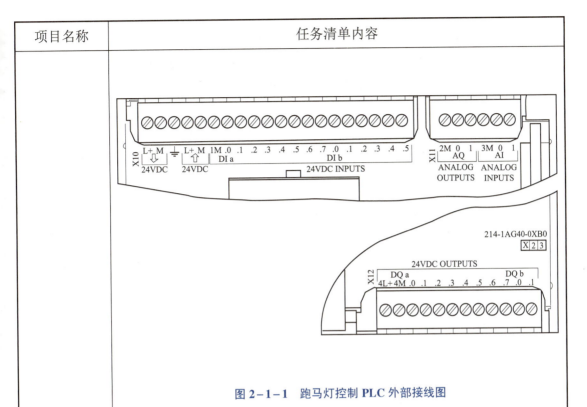 图 2-1-1 跑马灯控制 PLC 外部接线图 **小提示**：① 电源端 L+ 和 M 接 24 V 电源；② 输入端接 24 V 电源；③ 输入端口从 I0.0 开始接线；④ 负载为 24 V 灯泡，因此输出端连 24 V 电源；⑤ 输出端口从 Q0.0 开始接线；⑥ 该电路有 8 个输出线圈，因此需要 8 个输出端口。 **3. 创建工程项目** **小提示**：将文件命名为"跑马灯控制"，并将文件存放在特定位置；然后与 PLC 硬件匹配，添加 S7-1200 PLC 中的 CPU 1214C DC/DC/DC，其订货号为 6ES7 214-1AG40-0XB0，版本为 V4.0，然后单击右下角"添加"按钮进入程序编辑界面。 **4. 填写变量表** 完成表 2-1-2。 移位指令跑马灯程序设计 循环移位指令跑马灯程序设计

表 2-1-2 跑马灯控制 I/O 分配表

输入			输出		
名称	数据类型	地址	名称	数据类型	地址

项目名称	任务清单内容
任务实施	**小提示**：① I/O 点位要和硬件接线 I/O 端子对应起来；② 此任务中输入端口为 I0.0~I0.2，输出端口为 Q0.0~Q0.7。 **5. 编写梯形图程序** 根据要求，使用移位指令编写梯形图程序。 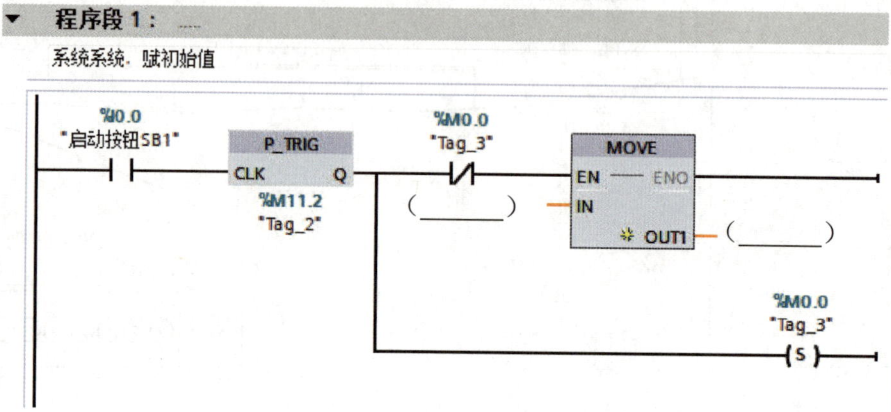 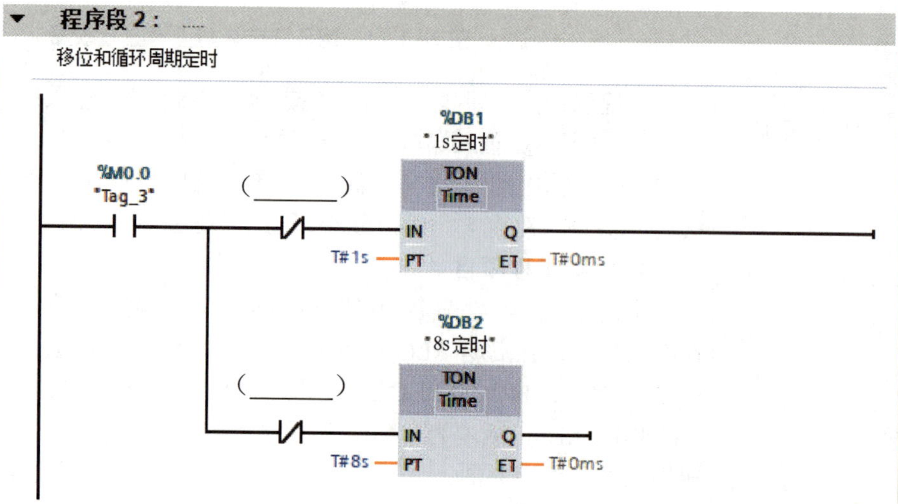 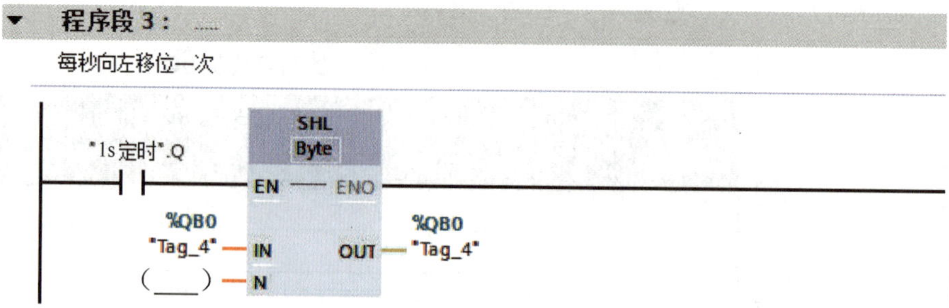 ▼ 程序段 1： 系统系统. 赋初始值 %I0.0 "启动按钮SB1" — P_TRIG CLK Q — %M11.2 "Tag_2" — %M0.0 "Tag_3" /| (___) — MOVE EN ENO, IN, OUT1 — (___) — %M0.0 "Tag_3" (S) ▼ 程序段 2： 移位和循环周期定时 %M0.0 "Tag_3" — (___) /| — %DB1 "1s定时" TON Time, IN Q, T#1s—PT ET—T#0ms (___) /| — %DB2 "8s定时" TON Time, IN Q, T#8s—PT ET—T#0ms ▼ 程序段 3： 每秒向左移位一次 "1s定时".Q — SHL Byte EN ENO, %QB0 "Tag_4"—IN, (___)—N, OUT—%QB0 "Tag_4"

项目名称	任务清单内容
任务实施	**程序段 4：** …… 8s 后从第 1 盏灯开始 "8s定时".Q —| |— MOVE — EN — ENO — 2#1 — IN — OUT1 — %QB0 "Tag_4" **程序段 5：** …… 系统停止 %I0.1 "停止按钮SB2" —|	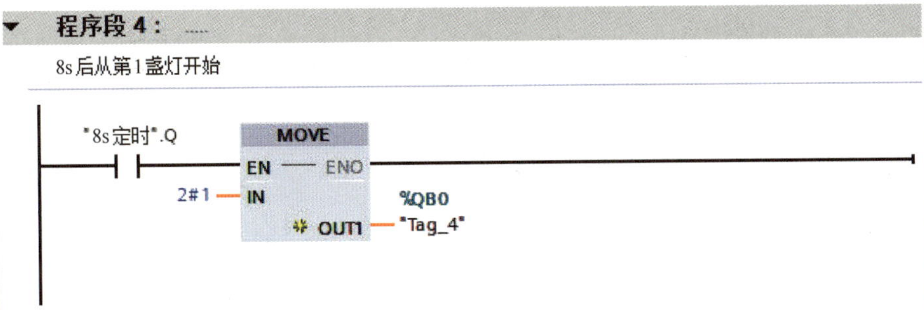 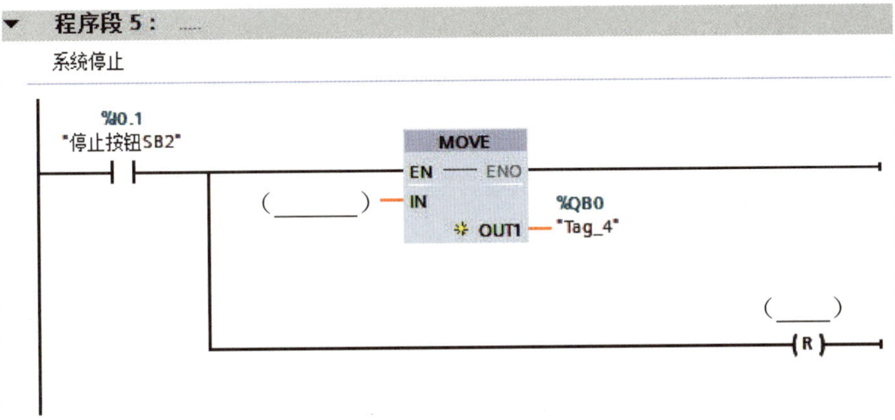— ( ) — MOVE — EN — ENO — IN — OUT1 — %QB0 "Tag_4" ( ) —(R)— 1）完成程序段 1~6 中的填空。 **小提示**：① 程序段 1 中，思考移位指令用法以及任务内容；② 程序段 2 中，思考怎样使计时时间一到马上会使计时器断开归零；③ 思考停止后哪些地方需要复位。 2）描述 M0.0 所起的作用。 3）描述程序段 2 所起的作用。为什么需要 8 s 计时器？ 4）程序中为什么要用到二进制？ 5）一次仅亮一盏灯的实现方法是什么？

项目名称	任务清单内容
任务实施	6）8 s 后自动循环的实现方法是什么？ _____ _____ **6. 下载程序并试机** **引导问题 6** 描述控制分析过程： 小提示：① 按下按钮 SB 后观察信号灯亮灭情况，并进行分析；② 发挥主观能动性和创新思维，可以自行设计绚丽多彩跑马灯程序，并用触摸屏进行展示。
任务总结	通过完成上述任务，你学到了哪些知识和技能？

项目名称	任务清单内容
任务评价	各组代表展示作品，介绍任务的完成过程，并完成评价表 2–1–3～表 2–1–5。 表 2–1–3 学生自评表 班级：　　　　姓名：　　　　学号： 任务：跑马灯系统控制 	评价项目	评价标准	分值	得分
---	---	---	---
完成时间	60 分钟满分，每多 10 分钟减 1 分	10	
理论填写	正确率 100%为 20 分	10	
接线规范	操作规范、接线美观正确	20	
技能训练	程序正确编写满分为 20 分	20	
任务创新	是否用另外编程思路完成任务	10	
工作态度	态度端正，无迟到、旷课	10	
职业素养	安全生产、保护环境、爱护设施	20	
合计		100	| 表 2–1–4 学生互评表 任务：跑马灯系统控制 | 评价项目	分值	等级				评价对象__组
---	---	---	---	---	---	---
计划合理	10	优 10	良 8	中 6	差 4	
方案准确	10	优 10	良 8	中 6	差 4	
团队合作	10	优 10	良 8	中 6	差 4	
组织有序	10	优 10	良 8	中 6	差 4	
工作质量	10	优 10	良 8	中 6	差 4	
工作效率	10	优 10	良 8	中 6	差 4	
工作完整性	10	优 10	良 8	中 6	差 4	
工作规范性	10	优 10	良 8	中 6	差 4	
成果展示	20	优 20	良 16	中 12	差 8	
合计	100						

项目名称	任务清单内容				
任务评价	表 2-1-5 教师评价表				
	班级：		姓名：	学号：	
	任务：跑马灯系统控制				
	评价项目	评价标准		分值	得分
	考勤 10%	无迟到、旷课、早退现象		10	
	完成时间	60 分钟满分，每多 10 分钟减 1 分		10	
	理论填写	正确率 100%为 20 分		10	
	接线规范	操作规范、接线美观正确		20	
	技能训练	程序正确编写满分为 20 分		10	
	任务创新	是否用另外编程思路完成任务		10	
	协调能力	与小组成员之间合作交流		10	
	职业素养	安全生产、保护环境、爱护设施		10	
	成果展示	能准确表达、汇报工作成果		10	
	合计			100	
	综合评价	自评（20%）	小组互评（30%）	教师评价（50%）	综合得分

知识准备

1. S7-1200 PLC 的基本数据类型

S7-1200 PLC 的基本数据类型包括位、字节、字、双字、整数、浮点数、日期时间，此外字符（STRING 和 CHAR 数据类型、WSTRING 和 WCHAR 数据类型）也属于基本数据类型。

（1）位、字节、字和双字

位为 Bool，字节为 BYTE，字为 WORD，双字为 DWORD，具体见表 2-1-6。

S7-1200 支持的数据类型

表 2-1-6 S7-1200 PLC 中位、字节、字和双字数据类型

数据类型	位大小	数值类型	数值范围	常数示例	地址示例
Bool	1	布尔运算	FALSE 或 TRUE	TRUE	I1.0 Q0.1 M50.7 DB1.DBX2.3 Tag_name
		二进制	2#0 或 2#1	2#0	
		无符号整数	0 或 1	1	
		八进制	8#0 或 8#1	8#1	
		十六进制	16#0 或 16#1	16#1	

续表

数据类型	位大小	数值类型	数值范围	常数示例	地址示例
BYTE	8	二进制	2#0～2#1111_1111	2#1000_1001	IB2 MB10 DB1.DBB4 Tag_name
		无符号整数	0～255	15	
		有符号整数	−128～127	−63	
		八进制	8#0～8#377	8#17	
		十六进制	B#16#0～B#16#FF、16#0～16#FF	B#16#F、16#F	
WORD	16	二进制	2#0～2#1111_1111_1111_1111	2#1101_0010_1001_0110	MW10 DB1.DBW2 Tag_name
		无符号整数	0～65 535	61 680	
		有符号整数	−32 768～32 767	72	
		八进制	8#0～8#177_777	8#170_362	
		十六进制	W#16#0～W#16#FFFF、16#0～16#FFFF	W#16#F1C0、16#A67B	
DWORD	32	二进制	2#0～2#1111_1111_1111_1111_1111_1111_1111_1111	2#1101_0100_1111_1110_1000_1100	MD10 DB1.DBD8 Tag_name
		无符号整数*	0～4 294 967 295	15 793 935	
		有符号整数*	−2 147 483 648～2 147 483 647	−400 000	
		八进制	8#0～8#37 777 777 777	8#74 177 417	
		十六进制	DW#16#0000_0000～DW#16#FFFF_FFFF、16#0000_0000～16#FFFF_FFFF	DW#16#20_F30A、16#B_01F6	

（2）整数数据类型

S7-1200 PLC 支持 6 种整数数据类型，USINT、UINT、UDINT 是无符号数，SINT、INT、DINT 是有符号数，它们的数值范围有所不同，具体见表 2-1-7。

表 2-1-7　S7-1200 PLC 整数数据类型

数据类型	位大小	数值范围	常数示例	地址示例
USINT	8	0～255	78，2#01001110	MB0、DB1、DBB4、Tag_name
SINT	8	−128～127	+50，16#50	
UINT	16	0～65 535	65 295，0	MW2、DB1、DBW2、Tag_name
INT	16	−32 768～32 767	30 000，+30 000	
UDINT	32	0～4 294 967 295	4 042 322 160	MD6、DB1、DBD8、Tag_name
DINT	32	−2 147 483 648～2 147 483 647	−2 131 754 992	

（3）浮点数数据类型

在 S7-1200 PLC 中，浮点数以 32 位单精度数（REAL）或 64 位双精度数（LREAL）表示，具体见表 2-1-8。

表 2-1-8　S7-1200 PLC 浮点数数据类型

数据类型	位大小	数值范围	常数示例	地址示例
REAL	32	-3.402 823e+38～-1.175 495e-38、±0、+1.175 495e-38～+3.402 823e+38	123.456，-3.4，1.0e-5	MD100、DB1.DBD8、Tag_name
LREAL	64	-1.797 693 134 862 315 8e+308～-2.225 073 858 507 201 4e-308、±0、+2.225 073 858 507 201 4e-308～+1.797 693 134 862 315 8e+308	12 345.123 456 789e40、1.2e+40	DB_name.var_name 规则： ● 不支持直接寻址； ● 可在 OB、FB 或 FC 块接口数组中进行分配

（4）时间和日期数据类型

时间和日期数据类型包括 TIME、DATE、TIME_OF_DAY 这三种。TIME 数据作为有符号双整数存储，基本单位为毫秒。可以选择性使用天（d）、小时（h）、分钟（m）、秒（s）和毫秒（ms）作为单位。DATE 数据作为无符号整数值存储，用以获取指定日期。TOD（TIME_OF_DAY）数据作为无符号双整数值存储，为自指定日期的凌晨算起的毫秒数，具体见表 2-1-9。

表 2-1-9　S7-1200 PLC 时间和日期数据类型

数据类型	大小	范围	常量输入示例
TIME	32 位	T#-24d_20h_31m_23s_648ms～T#24d_20h_31m_23s_647ms 存储形式：-2 147 483 648ms～+2 147 483 647ms	T#5m_30s T#1d_2h_15m 30s_45ms TIME#10d20h30m20s630ms 500h10000ms 10d20h30m20s630ms
DATE	16 位	D#1990-1-1～D#2168-12-31	D#2009-12-31 DATE#2009-12-31 2009-12-31
TIME_OF_DAY	32 位	TOD#0:0:0.0～TOD#23:59:59.999	TOD#10:20:30.400 TIME_OF_DAY#10:20:30.400 23:10:1

（5）字符数据类型

字符数据类型包括 STRING 和 CHAR、WSTRING 和 WCHAR。CHAR 数据类型为字符，将单个字符存储为 ASCII 编码形式。每个字符占用空间为 1 字节。STRING 数据类型为字符串，操作数可存储多个字符，最多可包括 254 个字符。如："abcdefg"叫字符串，而其中的每一个元素叫字符。WCHAR 数据类型称为宽字符，占用 2 个 Byte 的内存。它是将单个字符保存为 UFT-16 编码形式。WSTRING 数据类型称为宽字符串，用于在一个字符串中存储多个数据类型为 WCHAR 的 Unicode 字符。如果未指定长度，则字符串的长度为预置的 254 个字。

2. 移动值指令

移动值指令，将 IN 输入处操作数中的内容传送给 OUT1 输出的操作数中，梯形图如图 2-1-2 所示。始终沿地址升序方向进行传送。

如果满足下列条件之一，使能输出 ENO 将返回信号状态"0"：

1）使能输入 EN 的信号状态为"0"。
2）IN 参数的数据类型与 OUT1 参数的指定数据类型不对应。

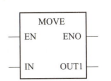

S7-1200 移动指令

图 2-1-2 移动值指令梯形图

表 2-1-10 列出了可用于 S7-1200 PLC CPU 系列的传送。

表 2-1-10 S7-1200 移动值传送

传送源（IN）	传送目标（OUT1）	
	进行 IEC 检查	不进行 IEC 检查
BYTE	BYTE, WORD, DWORD	BYTE, WORD, DWORD, SINT, USINT, INT, UINT, DINT, UDINT, TIME, DATE, TOD, CHAR
WORD	WORD, DWORD	BYTE, WORD, DWORD, SINT, USINT, INT, UINT, DINT, UDINT, TIME, DATE, TOD, CHAR
DWORD	DWORD	BYTE, WORD, DWORD, SINT, USINT, INT, UINT, DINT, UDINT, REAL, TIME, DATE, TOD, CHAR
SINT	SINT	BYTE, WORD, DWORD, SINT, USINT, INT, UINT, DINT, UDINT, TIME, DATE, TOD
USINT	USINT, UINT, UDINT	BYTE, WORD, DWORD, SINT, USINT, INT, UINT, DINT, UDINT, TIME, DATE, TOD
INT	INT	BYTE, WORD, DWORD, SINT, USINT, INT, UINT, DINT, UDINT, TIME, DATE, TOD
UINT	UINT, UDINT	BYTE, WORD, DWORD, SINT, USINT, INT, UINT, DINT, UDINT, TIME, DATE, TOD
DINT	DINT	BYTE, WORD, DWORD, SINT, USINT, INT, UINT, DINT, UDINT, TIME, DATE, TOD
UDINT	UDINT	BYTE, WORD, DWORD, SINT, USINT, INT, UINT, DINT, UDINT, TIME, DATE, TOD
REAL	REAL	DWORD, REAL
LREAL	LREAL	LREAL
TIME	TIME	BYTE, WORD, DWORD, SINT, USINT, INT, UINT, DINT, UDINT, TIME

续表

传送源（IN）	传送目标（OUT1）	
	进行 IEC 检查	不进行 IEC 检查
DATE	DATE	BYTE，WORD，DWORD，SINT，USINT，INT，UINT，DINT，UDINT，DATE
TOD	TOD	BYTE，WORD，DWORD，SINT，USINT，INT，UINT，DINT，UDINT，TOD
DTL	DTL	DTL
CHAR	CHAR	BYTE，WORD，DWORD，CHAR，字符串中的字符[①]
WCHAR	WCHAR	BYTE，WORD，DWORD，CHAR，WCHAR，字符串中的字符[①]
字符串中的字符[①]	字符串中的字符	CHAR，WCHAR，字符串中的字符
ARRAY[②]	ARRAY	ARRAY
STRUCT	STRUCT	STRUCT
PLC 数据类型（UDT）	PLC 数据类型（UDT）	PLC 数据类型（UDT）
IEC_TIMER	IEC_TIMER	IEC_TIMER
IEC_SCOUNTER	IEC_SCOUNTER	IEC_SCOUNTER
IEC_USCOUNTER	IEC_USCOUNTER	IEC_USCOUNTER
IEC_COUNTER	IEC_COUNTER	IEC_COUNTER
IEC_UCOUNTER	IEC_UCOUNTER	IEC_UCOUNTER
IEC_DCOUNTER	IEC_DCOUNTER	IEC_DCOUNTER
IEC_UDCOUNTER	IEC_UDCOUNTER	IEC_UDCOUNTER

① 还可以使用移动值指令将字符串的各个字符传送到数据类型为 CHAR 或 WCHAR 的操作数。操作数名称旁的方括号内指定了要传送的字符数。例如，"MyString [2]"将传送"MyString"字符串的第二个字符。它还可以将数据类型为 CHAR 或 WCHAR 的操作数传送到字符串的各个字符中。还可使用其他字符串的字符来替换该字符串中的指定字符。

② 仅当输入 IN 和输出 OUT1 中操作数的数组元素为同一数据类型时，才可以传送整个数组（ARRAY）。

如果输入 IN 数据类型的位长度超出输出 OUT1 数据类型的位长度，则源值的高位会丢失。如果输入 IN 数据类型的位长度低于输出 OUT1 数据类型的位长度，则目标值的高位会被改写为 0。

在初始状态，指令框中包含 1 个输出（OUT1）。可以扩展输出数目。在该指令框中，应按升序排列所添加的输出。在执行指令过程中，将输入 IN 的操作数的内容传送到所有可用的输出。如果传送结构化数据类型（DTL、STRUCT、ARRAY）或字符串的字符，则无法扩展指令框。

3. 移位指令

（1）右移指令

可以使用右移指令将输入 IN 中操作数的内容按位向右移位，并在输出 OUT 中查询结果。参数 N 用于指定将指定值移位的位数。如果参数 N 的值为"0"，则将输入 IN 的值复制到输出 OUT 的操作数中。如果参数 N 的值大于位数，则输入 IN 的操作数值将向右移动该位数个位置。无符号值移位时，用零填充操作数左侧区域中空出的位。如果指定值有符号，则用符号位的信号状态填充空出的位。

图 2-1-3 说明了如何将整数数据类型操作数的内容向右移动 4 位。

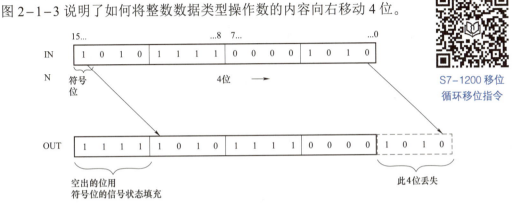

图 2-1-3　整数数据类型右移移位示意图

表 2-1-11 列出了右移指令的参数。

表 2-1-11　S7-1200 PLC 右移指令的参数表

参数	声明	数据类型	存储区	说明
EN	Input	Bool	I、Q、M、D、L 或常量	使能输入
ENO	Output	Bool	I、Q、M、D、L	使能输出
IN	Input	位字符串、整数	I、Q、M、D、L 或常量	要移位的值
N	Input	USINT、UINT、UDINT	I、Q、M、D、L 或常量	将对值进行移位的位数
OUT	Output	位字符串、整数	I、Q、M、D、L	指令的结果

根据图 2-1-4 和表 2-1-12 说明该指令的工作原理：

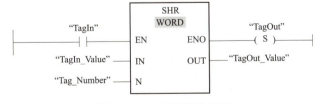

图 2-1-4　右移指令应用

表 2-1-12 通过具体的操作数值对该指令的工作原理进行说明。

表 2-1-12 右移指令应用表

参数	操作数	值
IN	TagIn_Value	0011 1111 1010 1111
N	Tag_Number	3
OUT	TagOut_Value	0000 0111 1111 0101

如果操作数"TagIn"的信号状态为"1",则将执行右移指令。"TagIn_Value"操作数的内容将向右移动 3 位。结果发送到输出"TagOut_Value"中。如果成功执行了该指令,则使能输出 ENO 的信号状态为"1",同时置位输出"TagOut"。

（2）左移指令

可以使用左移指令将输入 IN 中操作数的内容按位向左移位,并在输出 OUT 中查询结果。参数 N 用于指定将指定值移位的位数。如果参数 N 的值为"0",则将输入 IN 的值复制到输出 OUT 的操作数中。如果参数 N 的值大于位数,则输入 IN 的操作数值将向右移动该位数个位置。用 0 填充操作数右侧部分因移位空出的位。

图 2-1-5 说明了如何将 WORD 数据类型操作数的内容向左移动 6 位。

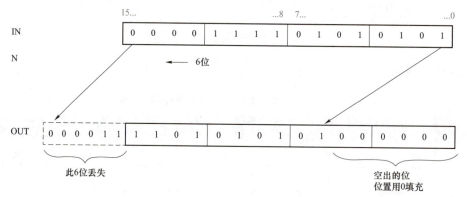

图 2-1-5　WORD 数据类型左移位示意图

表 2-1-13 列出了左移指令的参数。

表 2-1-13　S7-1200 PLC 左移指令的参数表

参数	声明	数据类型	存储区	说明
EN	Input	Bool	I、Q、M、D、L 或常量	使能输入
ENO	Output	Bool	I、Q、M、D、L	使能输出
IN	Input	位字符串、整数	I、Q、M、D、L 或常量	要移位的值
N	Input	USINT、UINT、UDINT	I、Q、M、D、L 或常量	将对值进行移位的位数
OUT	Output	位字符串、整数	I、Q、M、D、L	指令的结果

根据图 2-1-6 和表 2-1-14 说明该指令的工作原理:

表 2-1-14 将通过具体的操作数值对该指令的工作原理进行说明。

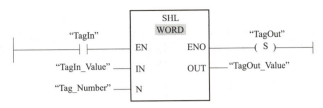

图 2-1-6 左移指令应用

表 2-1-14 左移指令应用表

参数	操作数	值
IN	TagIn_Value	0011 1111 1010 1111
N	Tag_Number	4
OUT	TagOut_Value	1111 1010 1111 0000

如果操作数"TagIn"的信号状态为"1",则执行左移指令。操作数"TagIn_Value"的内容将向左移动 4 位,结果发送到输出"TagOut_Value"中。如果成功执行了该指令,则使能输出 ENO 的信号状态为"1",同时置位输出"TagOut"。

4. 循环移位指令

(1) 循环右移指令

可以使用循环右移指令将输入 IN 中操作数的内容按位向右循环移位,并在输出 OUT 中查询结果。参数 N 用于指定循环移位中待移动的位数。用移出的位填充因循环移位而空出的位。如果参数 N 的值为"0",则将输入 IN 的值复制到输出 OUT 的操作数中。如果参数 N 的值大于可用位数,则输入 IN 中的操作数值仍会循环移动指定位数。

图 2-1-7 显示了如何将 DWORD 数据类型操作数的内容向右循环移动 3 位。

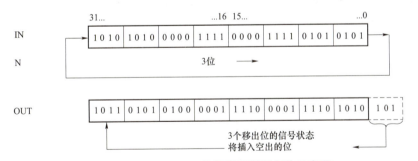

图 2-1-7 DWORD 数据类型循环右移示意图

表 2-1-15 列出了指令循环右移的参数。

表 2-1-15 S7-1200 PLC 循环右移指令参数表

参数	声明	数据类型	存储区	说明
EN	Input	Bool	I、Q、M、D、L 或常量	使能输入
ENO	Output	Bool	I、Q、M、D、L	使能输出
IN	Input	位字符串、整数	I、Q、M、D、L 或常量	要循环移位的值

续表

参数	声明	数据类型	存储区	说明
N	Input	USINT、UINT、UDINT	I、Q、M、D、L 或常量	将值循环移位的位数
OUT	Output	位字符串、整数	I、Q、M、D、L	指令的结果

根据图 2-1-8 和表 2-1-16 说明该指令的工作原理：

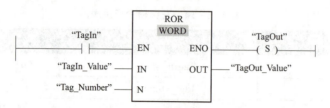

图 2-1-8　循环右移指令应用

表 2-1-16 将通过具体的操作数值对该指令的工作原理进行说明。

表 2-1-16　循环右移指令应用表

参数	操作数	值
IN	TagIn_Value	0000 1111 1001 0101
N	Tag_Number	5
OUT	TagOut_Value	1010 1000 0111 1100

如果操作数"TagIn"的信号状态为"1"，则将执行循环右移指令。"TagIn_Value"操作数的内容将向右循环移动 5 位，结果发送到输出"TagOut_Value"中。如果成功执行了该指令，则使能输出 ENO 的信号状态为"1"，同时置位输出"TagOut"。

（2）循环左移指令

可以使用循环左移指令将输入 IN 中操作数的内容按位向左循环移位，并在输出 OUT 中查询结果，参数 N 用于指定循环移位中待移动的位数，用移出的位填充因循环移位而空出的位。如果参数 N 的值为"0"，则将输入 IN 的值复制到输出 OUT 的操作数中。如果参数 N 的值大于可用位数，则输入 IN 中的操作数值仍会循环移动指定位数。

图 2-1-9 显示了如何将 DWORD 数据类型操作数的内容向左循环移动 3 位。

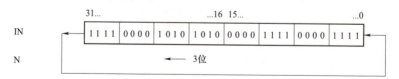

图 2-1-9　DWORD 数据类型循环左移示意图

表 2-1-17 列出了循环左移指令的参数。

表 2-1-17 S7-1200 PLC 循环左移指令参数表

参数	声明	数据类型	存储区	说明
EN	Input	Bool	I、Q、M、D、L 或常量	使能输入
ENO	Output	Bool	I、Q、M、D、L	使能输出
IN	Input	位字符串、整数	I、Q、M、D、L 或常量	要循环移位的值
N	Input	USINT、UINT、UDINT	I、Q、M、D、L 或常量	将值循环移位的位数
OUT	Output	位字符串、整数	I、Q、M、D、L	指令的结果

根据图 2-1-10 和表 2-1-18 说明该指令的工作原理：

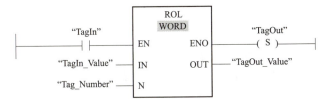

图 2-1-10 循环左移指令应用

表 2-1-18 将通过具体的操作数值对该指令的工作原理进行说明。

表 2-1-18 S7-1200 PLC 循环左移指令应用表

参数	操作数	值
IN	TagIn_Value	1010 1000 1110 0110
N	Tag_Number	5
OUT	TagOut_Value	0001 1100 1101 0101

如果输入"TagIn"的信号状态为"1"，则执行循环左移指令。"TagIn_Value"操作数的内容将向左循环移动 5 位，结果发送到输出"TagOut_Value"中。如果成功执行了该指令，则使能输出 ENO 的信号状态为"1"，同时置位输出"TagOut"。

拓展训练

用定时器和计数器以及移位指令实现本项目控制要求。

木业自动化设备 PLC 应用技术

任务二　九秒倒计时运行控制

任务清单

项目名称	任务清单内容
任务情境	在生产过程中许多地方要用到倒计时进行精准控制，为了使时间显示比较醒目，一般采用数码管来显示时间，读秒倒计时，那么怎么通过 PLC 在七段数码管上来实现倒计时呢？
任务目标	1）掌握算术运算指令； 2）掌握逻辑运算指令； 3）能使用算术运算指令编写应用程序； 4）能使用逻辑运算指令编写应用程序； 5）能进行多位数据数码管显示程序的编写； 6）在倒计时中树立学习的紧迫性。
素质目标	加深学生对时间的概念，培养学生对时间的紧迫性，珍惜时光，加紧奋斗。
任务要求	用 PLC 实现九秒倒计时运行控制，要求按下开始按钮后，数码管显示 9，然后每秒递减，减到 0 时停止。无论何时按下停止按钮，数码管显示当前数值，再次按下开始按钮，数码管依然从数字 9 开始递减。
任务分组	班级　　　　　组号　　　　　指导老师 组长　　　　　学号 组员 | 姓名	学号	姓名	学号 | |---|---|---|---| | | | | | | | | | | | | | | |
任务准备	引导问题 1 描述七段数码管的用法：

项目名称	任务清单内容
任务准备	**小提示**：① 七段数码管是一种半导体发光器件，由7个发光二极管基本单元构成，控制该7个二极管的亮灭可以显示出0～9这些阿拉伯数字。② 可以根据表2-2-6中的十六进制数得出对应的七段数码管显示数字。 **引导问题2** 加、减法运算指令的用法： _____ _____ _____ **小提示**：① 注意指令结果超出输出OUT指定的数据类型的允许范围是无效的；② 浮点数的值无效。 **引导问题3** 乘、除法运算指令的用法。 _____ _____ _____ **小提示**：① 注意指令结果超出输出OUT指定的数据类型的允许范围是无效的；② 浮点数的值无效。 **引导问题4** 加1、减1运算指令的用法。 _____ _____ _____ **小提示**：有使能输入EN的信号状态为"1"时，才执行"递增"指令。 **引导问题5** 任务分析： _____ _____ _____ **小提示**：根据任务要求可知，输入量有1个开始按钮和1个停止按钮；输出量为1个数码管，占用7个PLC的输出端。9 s倒计时可用定时器、计数器和运算指令来实现，即每隔1 s计数器增加1，然后用数字9减去计数器中的内容，当定时到9 s时停止计数。

项目名称	任务清单内容
任务实施	**1. 分配 I/O** 根据任务要求，对输入量、输出量进行梳理，完成表 2-2-1。 9 秒倒计时运行控制 表 2-2-1　九秒倒计时运行控制输入/输出表 | 输入	输出
	| 小提示：① 主动进行控制的按钮为输入；② 被动进行的数码管为输出。 **2. 连接 PLC 硬件线路** 在图 2-2-1 中完成九秒倒计时运行控制 PLC 外部接线。 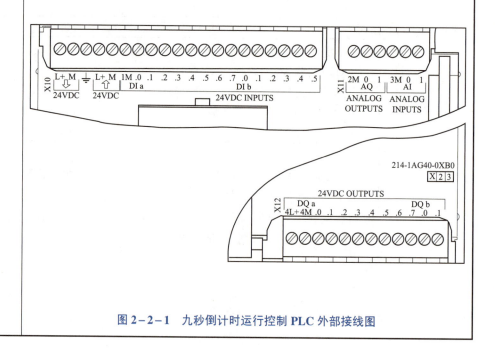 图 2-2-1　九秒倒计时运行控制 PLC 外部接线图

项目二　数据处理指令及其应用

项目名称	任务清单内容
任务实施	小提示：① 电源端 L+和 M 接 24 V 电源；② 输入端接 24 V 电源；③ 输入端口从 I0.0 开始接线；④ 负载为 24 V 指示灯，因此输出端连 24 V 电源；⑤ 输出端口从 Q0.0 开始接线；⑥ 该电路有 7 个输出线圈，因此需要 7 个输出端口。 **3. 创建工程项目** 小提示：将文件命名为"九秒倒计时控制系统"，并将文件存放在特定位置；然后与 PLC 硬件匹配，添加 S7 – 1200 PLC 中的 CPU 1214C DC/DC/DC，其订货号为 6ES7 214 – 1AG40 – 0XB0，版本为 V4.0，接下来单击右下角"添加"按钮进入程序编辑界面。 9 秒倒计时运行控制程序设计 **4. 填写变量表** 完成表 2 – 2 – 2。 表 2 – 2 – 2　九秒倒计时运行控制 I/O 分配表 | 输入			输出		
---	---	---	---	---	---
名称	数据类型	地址	名称	数据类型	地址
						  小提示：① I/O 点位要和硬件接线 I/O 端子对应起来。② 此任务中输入端口为 I0.0～I0.2，输出端口为 Q0.0～Q0.6。 **5. 编写梯形图程序**

程序段 1：

系统启动

```
    %I0.0                                            %M0.0
  "系统开启"                                          "Tag_1"
────┤ ├──────────────────────────────────────────────( S )───
```

程序段 2：

1s定时，计数9次后定时清零，不再定时

```
                                                    %DB1
                                                   "10s定时"
    %M0.0                                            TON
   "Tag_1"    ┌ ─ ─ ┐    ┌ ─ ─ ┐                     Time
────┤ ├───────┤     ├────┤     ├──────────────────IN       Q──
              └ ─ ─ ┘    └ ─ ─ ┘              T#1S─PT     ET─T#0ms
```

项目名称	任务清单内容
| 任务实施 | **程序段 3：** ____<br>秒计时<br><br>```
      %M0.0                        %DB2
     "Tag_1"    "10s定时".Q       "计数9次"
      ─┤├─        ─┤├─            CTU Int
                                 ─CU    Q─
       (____)                           CV─ 0
      ─┤├─                       ─R
                 (_____)─PV
```<br><br>**程序段 4：** ____<br>用9减去计数器的值<br><br>```
    %M0.0              SUB Int
    "Tag_1"           EN — ENO
    ─┤├─           9─IN1
                                    %MW20
      (____)        ─IN2   OUT─"Tag_3"
```<br><br>**程序段 5：** ____<br>倒计时数值显示<br><br>```
   %M0.0      %MW20
  "Tag_1"    "Tag_3"             MOVE
   ─┤├─       ─==─              EN — ENO
              Int        (____)─IN        %QB0
               9                   ✱OUT1─"Tag_5"

             %MW20
            "Tag_3"              MOVE
             ─==─               EN — ENO
              Int        (____)─IN        %QB0
               8                   ✱OUT1─"Tag_5"
```<br><br>倒计时 7、6、5、4、3、2、1、0 程序省略。<br><br>**程序段 6：** ____<br>系统停止<br><br>```
    %I0.1                                           %M0.0
  "系统停止"                                         "Tag_1"
    ─┤├─────────────────────────────────────────────(R)─
``` |

项目名称	任务清单内容
任务实施	1）完成程序段 1～6 中的填空。 **小提示**：① 程序段 2 中，思考如何实现 10 s 定时后使定时器清零且不再定时；② 程序段 3 中，思考何时要使计数器复位，且计数次数为多少次；③ 回顾加计数器的用法，其中 CV 的含义是什么，思考如何实现倒计时；④ 回顾七段数码管的用法，以及各个数字对应输出的十六进制数。 2）程序段 2 起什么作用？ _____ _____ **小提示**：程序段 2 每隔 1 s 输出一个信号，让程序段 3 每隔 1 s 接收 1 个信号，加计数增 1；② 10 次计数后倒计时结束，定时器清零。 3）程序段 4 起什么作用？ _____ _____ **小提示**：程序段 3 输出的数字为每隔 1 s 加 1，因此需要 9 减去输出的数字，才能得到倒计时的效果。 **6. 下载程序并试机** **引导问题 6** 描述控制分析过程： **小提示**：① 接通低压断路器 QS，按下按钮 SB 后分析后续相关灯亮灭情况；② 倒计时器时间到了可以重来，但是人生不能，务必走好人生的每一步。
任务总结	通过完成上述任务，你学到了哪些知识和技能？

项目名称	任务清单内容
任务评价	各组代表展示作品，介绍任务的完成过程，并完成评价表 2-2-3～表 2-2-5。 表 2-2-3 学生自评表 班级：　　　　姓名：　　　　学号： 任务：九秒倒计时运行控制 	评价项目	评价标准	分值	得分
---	---	---	---
完成时间	60 分钟满分，每多 10 分钟减 1 分	10	
理论填写	正确率 100%为 20 分	10	
接线规范	操作规范、接线美观正确	20	
技能训练	程序正确编写满分为 20 分	20	
任务创新	是否用另外编程思路完成任务	10	
工作态度	态度端正，无迟到、旷课	10	
职业素养	安全生产、保护环境、爱护设施	20	
合计		100	| 表 2-2-4 学生互评表 任务：九秒倒计时运行控制 | 评价项目	分值	等级				评价对象____组
---	---	---	---	---	---	---
计划合理	10	优 10	良 8	中 6	差 4	
方案准确	10	优 10	良 8	中 6	差 4	
团队合作	10	优 10	良 8	中 6	差 4	
组织有序	10	优 10	良 8	中 6	差 4	
工作质量	10	优 10	良 8	中 6	差 4	
工作效率	10	优 10	良 8	中 6	差 4	
工作完整性	10	优 10	良 8	中 6	差 4	
工作规范性	10	优 10	良 8	中 6	差 4	
成果展示	20	优 20	良 16	中 12	差 8	
合计	100						

项目名称	任务清单内容			
任务评价	表 2-2-5 教师评价表			
	班级： 姓名： 学号：			
	任务：九秒倒计时运行控制			
	评价项目	评价标准	分值	得分
	考勤 10%	无迟到、旷课、早退现象	10	
	完成时间	60 分钟满分，每多 10 分钟减 1 分	10	
	理论填写	正确率 100% 为 20 分	10	
	接线规范	操作规范、接线美观正确	20	
	技能训练	程序正确编写满分为 20 分	10	
	任务创新	是否用另外编程思路完成任务	10	
	协调能力	与小组成员之间合作交流	10	
	职业素养	安全生产、保护环境、爱护设施	10	
	成果展示	能准确表达、汇报工作成果	10	
	合计		100	
	综合评价	自评（20%）	小组互评（30%）	教师评价（50%）	综合得分

知识准备

1. 七段数码管

七段数码管是一种半导体发光器件，由 7 个发光二极管基本单元构成，如图 2-2-2 所示。七段数码管是一类价格便宜、使用简单，通过对其不同的管脚输入相对的电流，使其发亮，从而显示出时间、日期、温度等所有可用数字表示的参数的器件。在电器特别是家电领域应用极为广泛，如显示屏、空调、热水器、冰箱等。绝大多数热水器用的都是数码管，其他家电也用液晶屏与荧光屏。

点亮 a、b、c、d、e、f 二极管可以显示出数字 0，点亮 b、c 二极管可以显示出数字 1，点亮 a、b、d、e、g 可以显示出数字 2 等。本任务从 a 二极管依次从低位相连，如 a 二极管连接到 Q0.0，b 二极管连接到 Q0.1。不同数字显示对应的输入数据如表 2-2-6 所示。

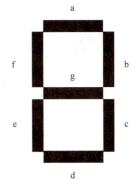

图 2-2-2 七段数码管示意图

表 2-2-6　七段数码管不同数字显示对应的输入数据

输入的数据		输出的数据							七段码显示
十六进制	二进制	a	b	c	d	e	f	g	
16#3F	2#00111111	1	1	1	1	1	1	0	0
16#06	2#00000110	0	1	1	0	0	0	0	1
16#5B	2#01011011	1	1	0	1	1	0	1	2
16#4F	2#01001111	1	1	1	1	0	0	1	3
16#66	2#01100110	0	1	1	0	0	1	1	4
16#6D	2#01101101	1	0	1	1	0	1	1	5
16#7D	2#01111101	1	0	1	1	1	1	1	6
16#07	2#00000111	1	1	1	0	0	0	0	7
16#7F	2#01111111	1	1	1	1	1	1	1	8
16#67	2#01100111	1	1	1	0	0	1	1	9

2. 加法运算指令

使用"加"指令，将输入 IN1 的值与输入 IN2 的值相加，并在输出 OUT（OUT：=IN1+IN2）处查询总和。在初始状态下，指令框中至少包含两个输入（IN1 和 IN2）。可以扩展输入数目。在功能框中按升序对插入的输入进行编号。执行该指令时，将所有可用输入参数的值相加，求得的和存储在输出 OUT 中。

如果满足下列条件之一，则使能输出 ENO 的信号状态为"0"：
① 使能输入 EN 的信号状态为"0"。
② 指令结果超出输出 OUT 指定的数据类型的允许范围。
③ 浮点数的值无效。

加法指令参数见表 2-2-7。

表 2-2-7　加法运算指令参数表

参数	声明	数据类型	存储区	说明
EN	Input	Bool	I、Q、M、D、L 或常量	使能输入
ENO	Output	Bool	I、Q、M、D、L	使能输出
IN1	Input	整数、浮点数	I、Q、M、D、L、P 或常量	要相加的第一个数
IN2	Input	整数、浮点数	I、Q、M、D、L、P 或常量	要相加的第二个数
INn	Input	整数、浮点数	I、Q、M、D、L、P 或常量	要相加的可选输入值
OUT	Output	整数、浮点数	I、Q、M、D、L、P	总和

根据图 2-2-3 说明该指令的工作原理：

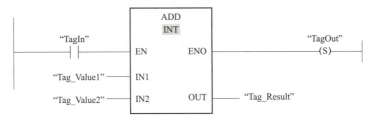

图 2-2-3　加法运算指令应用

如果操作数"TagIn"的信号状态为"1"，则将执行加指令。将操作数"Tag_Value1"的值与操作数"Tag_Value2"的值相加，相加的结果存储在操作数"Tag_Result"中。如果该指令执行成功，则使能输出 ENO 的信号状态为"1"，同时置位输出"TagOut"。

3. 减法运算指令

使用减指令，将输入 IN2 的值从输入 IN1 的值中减去，并在输出 OUT（OUT：=IN1−IN2）处查询差值。

如果满足下列条件之一，则使能输出 ENO 的信号状态为"0"：

① 使能输入 EN 的信号状态为"0"。
② 指令结果超出输出 OUT 指定的数据类型的允许范围。
③ 浮点数的值无效。

减法运算指令参数见表 2-2-8。

表 2-2-8　减法运算指令参数表

参数	声明	数据类型	存储区	说明
EN	Input	Bool	I、Q、M、D、L 或常量	使能输入
ENO	Output	Bool	I、Q、M、D、L	使能输出
IN1	Input	整数、浮点数	I、Q、M、D、L、P 或常量	被减数
IN2	Input	整数、浮点数	I、Q、M、D、L、P 或常量	减数
OUT	Output	整数、浮点数	I、Q、M、D、L、P	差值

根据图 2-2-4 说明该指令的工作原理：

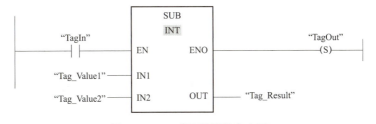

图 2-2-4　减法运算指令应用

如果操作数"TagIn"的信号状态为"1"，则将执行减指令。从操作数"Tag_Value1"的值中，减去操作数"Tag_Value2"的值，相减的结果存储在操作数"Tag_Result"中。如果该指令执行成功，则使能输出 ENO 的信号状态为"1"，同时置位输出"TagOut"。

4. 乘法运算指令

使用乘指令，将输入 IN1 的值与输入 IN2 的值相乘，并在输出 OUT（OUT：=IN1*IN2）处查询乘积。

可以在指令功能框中展开输入的数字。在功能框中以升序对相加的输入进行编号。指令执行时，将所有可用输入参数的值相乘，乘积存储在输出 OUT 中。

如果满足下列条件之一，则使能输出 ENO 的信号状态为"0"：

① 输入 EN 的信号状态为"0"。
② 结果超出输出 OUT 指定的数据类型的允许范围。
③ 浮点数的值无效。

乘法运算指令参数见表 2-2-9。

表 2-2-9　乘法运算指令参数表

参数	声明	数据类型	存储区	说明
EN	Input	Bool	I、Q、M、D、L 或常量	使能输入
ENO	Output	Bool	I、Q、M、D、L	使能输出
IN1	Input	整数、浮点数	I、Q、M、D、L、P 或常量	乘数
IN2	Input	整数、浮点数	I、Q、M、D、L、P 或常量	相乘的数
INn	Input	整数、浮点数	I、Q、M、D、L、P 或常量	可相乘的可选输入值
OUT	Output	整数、浮点数	I、Q、M、D、L、P	乘积

根据图 2-2-5 说明该指令的工作原理：

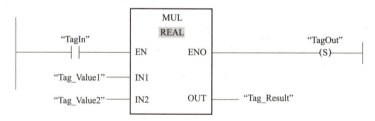

图 2-2-5　乘法运算指令应用

如果操作数"TagIn"的信号状态为"1"，则将执行乘指令。将操作数"Tag_Value1"的值乘以操作数"Tag_Value2"的值，相乘的结果存储在操作数"Tag_Result"中。如果该指令执行成功，则使能输出 ENO 的信号状态为"1"，同时置位输出"TagOut"。

5. 除法运算指令

使用除指令，可以将输入 IN1 的值除以输入 IN2 的值，并在输出 OUT（OUT：=IN1/IN2）处查询商值。

满足以下某一条件时，使能输出 ENO 的信号状态为"0"：

① 使能输入 EN 的信号状态为"0"。
② 该指令的结果超出输出 OUT 处指定数据类型所允许的范围。
③ 浮点数的值无效。

除 0 值,除法运算中,如果被除数(IN1)除以一个值为 0 的除数(IN2),则使能输出(ENO)的信号状态置位为"TRUE"。

被 0 除时,商值(OUT)受以下数据类型影响:
① 数据类型为 INT 或 LREAL:商值(OUT)为"0"。
② 数据类型为 REAL:商值(OUT)为最大值(2 143 289 344)。

除法运算指令参数见表 2-2-10。

表 2-2-10 除法运算指令参数表

参数	声明	数据类型	存储区	说明
EN	Input	Bool	I、Q、M、D、L 或常量	使能输入
ENO	Output	Bool	I、Q、M、D、L	使能输出
IN1	Input	整数、浮点数	I、Q、M、D、L、P 或常量	被除数
IN2	Input	整数、浮点数	I、Q、M、D、L、P 或常量	除数
OUT	Output	整数、浮点数	I、Q、M、D、L、P	商值

根据图 2-2-6 说明该指令的工作原理:

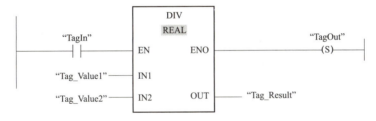

图 2-2-6 除法运算指令应用

如果操作数"TagIn"的信号状态为"1",则将执行除指令。将操作数"Tag_Value1"的值除以操作数"Tag_Value2"的值,除运算的结果存储在操作数"Tag_Result"中。如果该指令执行成功,则使能输出 ENO 的信号状态为"1",同时置位输出"TagOut"。

6. 加 1 运算指令

可以使用递增指令将参数 IN/OUT 中操作数的值更改为下一个更大的值,并查询结果。只有使能输入 EN 的信号状态为"1"时,才执行递增指令。如果在执行期间未发生溢出错误,则使能输出 ENO 的信号状态也为"1"。

如果满足下列条件之一,则使能输出 ENO 的信号状态为"0":
① 使能输入 EN 的信号状态为"0"。
② 浮点数的值无效。

加 1 运算指令参数见表 2-2-11。

表 2-2-11　加 1 运算指令参数表

参数	声明	数据类型	存储区	说明
EN	Input	Bool	I、Q、M、D、L 或常量	使能输入
ENO	Output	Bool	I、Q、M、D、L	使能输出
IN/OUT	InOut	整数	I、Q、M、D、L	要递增的值

根据图 2-2-7 说明该指令的工作原理：

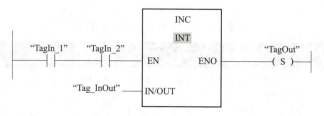

图 2-2-7　加 1 运算指令应用

如果操作数"TagIn_1"和"TagIn_2"的信号状态都为"1"，则操作数"Tag_InOut"的值将加 1 并置位输出"TagOut"。

注意事项

1. 两位数据的显示

如何进行两位或多位数据的显示呢？如倒计时数字是 60，然后进行秒级递减，现将其数据通过 PLC 的输出端在两位数码管上加以显示。其实很简单，只要将显示的数据进行分离即可，如将两位数进行分离，只需将两位数除以 10 即可，即分离出"十"位和"个"位，然后将"十"位和"个"位分别通过 QB0 和 QB1 加以显示即可。

2. 多个数码管的显示

如果需要将 N 位数通过数码管显示，则先除以 10^{N-1} 分离最高位（商），再次将余数除以 10^{N-2} 分离出次高位（商），如此往下分离，直到除以 10 后为止。这时如果仍用数码管显示则必然要占用很多输出点。一方面可以通过扩展 PLC 的输出，另一方面可采用 CD4513 芯片。通过扩展 PLC 的输出必然增加系统硬件成本，还会增加系统的故障率，用 CD4513 芯片则为首选，CD4513 驱动多个数码管线路如图 2-2-8 所示。

数个 CD4513 的数据输入端 A～D 共用 PLC 的 4 个输出端，其中 A 为最低位，D 为最高位；LE 为高电平时，显示的数不受数据输入信号的影响，当有 N 个显示器时，通过控制 CD4513 的 LE 端来选择显示器。显然，N 个显示器占用的输出点可降到 4+N 点。如果使用继电器输出模块，最好在与 CD4513 相连的 PLC 各输出端与"地"之间分别接上一个几十欧的电阻，以避免在输出继电器输出触点断开时 CD4513 的输入端悬空。输出继电器的状态变化时，其触点可能会抖动，因此应先送数据输出信号，待信号稳定后，再用 LE 信号的上升沿将数据锁存在 CD4513 中。

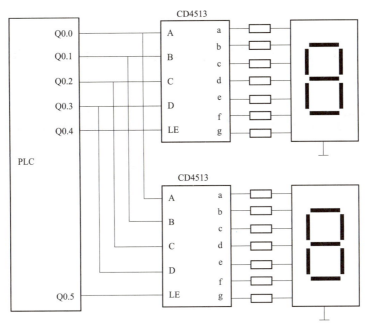

图 2-2-8 用 CD4513 减少输出点的电路图

拓展训练

训练 1 用减 1 运算指令实现本任务的控制要求。

训练 2 增加一个暂停按钮，即按下暂停按钮时，数值保持当前值，再次按下开始按钮后数值从当前值再进行秒递减。

任务三 运输滚筒对应不同型号板材的运行速度控制

任务清单

项目名称	任务清单内容
任务情境	秸秆刨花板根据应用场景的不同，分成了不同的厚度，对应不同厚度的板材运行惯性不同，在运输线上会根据不同厚度的板材设置滚筒转速。比如：板材厚度为 9 mm 时，设置滚筒转速为 1 800 mm/s；板材厚度为 18～25 mm 时，设置滚筒转速为 900 mm/s；板材厚度为 35 mm 时，设置滚筒转速为 500 mm/s。那么如何用 PLC 根据不同的板材厚度实现滚筒对应电动机运行速度控制呢？
任务目标	1）掌握比较指令； 2）掌握时钟指令； 3）能使用比较指令编写应用程序。
素质目标	锻炼学生的设计分析能力和表达交流能力。
任务要求	用 PLC 实现运输滚筒对应不同型号板材的运行速度控制，考虑到检测板材厚底精度，要求按下启动按钮后，当检测到板材厚度为 8.5～9.5 mm 时，设置滚筒对应电动机转速为 1 800 mm/s；当检测到板材厚度为 17.5～25.5 mm 时，设置滚筒转速为 900 mm/s；当检测到板材厚度为 34.5～35.5 mm 时，设置滚筒转速为 500 mm/s。
任务分组	班级： 　　　　组号： 　　　　指导老师： 组长： 　　　　学号： 组员： 姓名／学号／姓名／学号
任务准备	**引导问题 1** 比较指令的用法：

项目名称	任务清单内容
任务准备	**小提示**：① 指令下方的操作数为被比较数；② 若满足比较条件，则指令返回逻辑运算结果（RLO）"1"。 **引导问题 2** 比较浮点数注意事项： _____ _____ **小提示**：比较浮点数时，待比较的操作数必须具有相同的数据类型。 **引导问题 3** 比较结构数据类型注意事项： _____ _____ _____ **小提示**：比较结构化变量时，待比较操作数的数据类型必须相同，而无须考虑具体的"IEC 检查"（IEC Check）设置。但两个操作数中的一个为 VARIANT，而另一个为 ANY 时除外。如果编程时数据类型未知，则可使用 VARIANT 数据类型。
任务实施	**1. 分配 I/O** 根据任务要求，对输入量、输出量进行梳理，完成表 2–3–1。 表 2–3–1　电动机不同速度控制输入/输出表 | 输入 | 输出 | |---|---| | | | | | | | | | | | | **小提示**：① 主动进行控制的按钮为输入；② 进行电路保护的元器件热继电器也为输入；③ 信号灯为输出。 **2. 连接 PLC 硬件线路** 在图 2–3–1 中完成电动机不同速度控制 PLC 外部接线。 不同板材对应不同运输速度程序设计

项目名称	任务清单内容
任务实施	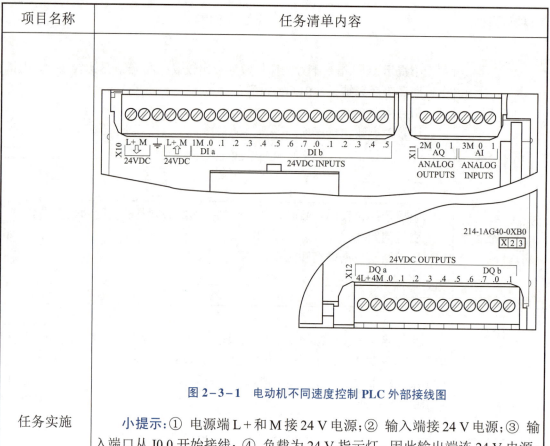 图 2-3-1　电动机不同速度控制 PLC 外部接线图 小提示：① 电源端 L+ 和 M 接 24 V 电源；② 输入端接 24 V 电源；③ 输入端口从 I0.0 开始接线；④ 负载为 24 V 指示灯，因此输出端连 24 V 电源；⑤ 输出端口从 Q0.0 开始接线。 **3. 创建工程项目** 小提示：将文件命名为"运输滚筒对应不同型号板材的运行速度控制"，并将文件存放在特定位置；然后与 PLC 硬件匹配，添加 S7-1200 PLC 中的 CPU 1214C DC/DC/DC，其订货号为 6ES7 214-1AG40-0XB0，版本为 V4.0，然后单击右下角的"添加"按钮进入程序编辑界面。 **4. 填写变量表** 完成表 2-3-2。 表 2-3-2　电动机不同速度控制 I/O 分配表 | 输入			输出		
---	---	---	---	---	---
名称	数据类型	地址	名称	数据类型	地址
						  小提示：I/O 点位要和硬件接线 I/O 端子对应起来。

项目名称	任务清单内容
| 任务实施 | **5. 编写梯形图程序**<br><br>▼ 程序段 1：<br>控制系统开启和关闭<br><br>```
   %I0.0        %I0.1                              %M0.0
"启动系统"    "停止系统"                         "Tag_3"
   ─┤├────────┤/├───────────────────────────────( )─
   %M0.0
  "Tag_3"
   ─┤├─
```<br><br>▼ 程序段 2：<br>当检测到板材厚度在(8±0.2)mm时，给电动机输入1 800 mm/s转速<br><br>```
 %M0.0       ( )      %MD20                 MOVE
"Tag_3"      >=      "Tag_5"              EN    ENO
 ─┤├────────┤ ├──────┤ <= ├──────( )───────┤        ├─
            Real     Real                  IN        %MW20
            7.8       ( )            ★    OUT1  "Tag_4"
```<br><br>▼ 程序段 3：<br>当检测到板材厚度在(18-0.2)mm至(25+0.2)mm时，给电动机输入900 mm/s转速<br><br>```
 %M0.0      %MD20     %MD20                MOVE
"Tag_3"    "Tag_5"   "Tag_5"             EN    ENO
 ─┤├───────┤ >= ├────┤ <= ├──────────────┤        ├─
            Real     Real           900 ─ IN
            17.8      ( )                 ★   OUT1 ─ ( )
```<br><br>▼ 程序段 4：<br>当检测到板材厚度在(35±0.2)mm，给电动机输入500 mm/s转速<br><br>```
 %M0.0      %MD20     %MD20                MOVE
"Tag_3"    "Tag_5"   "Tag_5"             EN    ENO
 ─┤├───────┤ >= ├────┤ <= ├──────────────┤        ├─
            Real     Real           500 ─ IN        %MW20
            34.8      ( )                 ★   OUT1  "Tag_4"
```<br><br>完成程序段 1~4 中的填空。<br><br>**小提示**：① 程序段 2 是判断输入的板材厚度是否在 7.8~8.2 mm 之间，注意数据类型；② 程序段 3 中，思考速度输出到哪里去了。<br><br>**6. 下载程序并试机**<br><br>引导问题 4<br>描述控制分析过程： |

项目名称	任务清单内容
任务总结	通过完成上述任务，你学到了哪些知识和技能？ **小提示**：人生应学会在比较中做出正确有利的选择。
任务评价	各组代表展示作品，介绍任务的完成过程，并完成评价表 2-3-3～表 2-3-5。 表 2-3-3 学生自评表 班级：　　　　姓名：　　　　学号： 任务：运输滚筒对应不同型号板材的运行速度控制 <table><tr><th>评价项目</th><th>评价标准</th><th>分值</th><th>得分</th></tr><tr><td>完成时间</td><td>60 分钟满分，每多 10 分钟减 1 分</td><td>10</td><td></td></tr><tr><td>理论填写</td><td>正确率 100%为 20 分</td><td>10</td><td></td></tr><tr><td>接线规范</td><td>操作规范、接线美观正确</td><td>20</td><td></td></tr><tr><td>技能训练</td><td>程序正确编写满分为 20 分</td><td>20</td><td></td></tr><tr><td>任务创新</td><td>是否用另外编程思路完成任务</td><td>10</td><td></td></tr><tr><td>工作态度</td><td>态度端正、无迟到、旷课</td><td>10</td><td></td></tr><tr><td>职业素养</td><td>安全生产、保护环境、爱护设施</td><td>20</td><td></td></tr><tr><td colspan="2">合计</td><td>100</td><td></td></tr></table> 表 2-3-4 学生互评表 任务：运输滚筒对应不同型号板材的运行速度控制 <table><tr><th>评价项目</th><th>分值</th><th colspan="4">等级</th><th>评价对象＿＿组</th></tr><tr><td>计划合理</td><td>10</td><td>优 10</td><td>良 8</td><td>中 6</td><td>差 4</td><td></td></tr><tr><td>方案准确</td><td>10</td><td>优 10</td><td>良 8</td><td>中 6</td><td>差 4</td><td></td></tr><tr><td>团队合作</td><td>10</td><td>优 10</td><td>良 8</td><td>中 6</td><td>差 4</td><td></td></tr><tr><td>组织有序</td><td>10</td><td>优 10</td><td>良 8</td><td>中 6</td><td>差 4</td><td></td></tr><tr><td>工作质量</td><td>10</td><td>优 10</td><td>良 8</td><td>中 6</td><td>差 4</td><td></td></tr><tr><td>工作效率</td><td>10</td><td>优 10</td><td>良 8</td><td>中 6</td><td>差 4</td><td></td></tr><tr><td>工作完整性</td><td>10</td><td>优 10</td><td>良 8</td><td>中 6</td><td>差 4</td><td></td></tr><tr><td>工作规范性</td><td>10</td><td>优 10</td><td>良 8</td><td>中 6</td><td>差 4</td><td></td></tr><tr><td>成果展示</td><td>20</td><td>优 20</td><td>良 16</td><td>中 12</td><td>差 8</td><td></td></tr><tr><td>合计</td><td>100</td><td colspan="5"></td></tr></table>

项目二 数据处理指令及其应用

项目名称	任务清单内容			
任务评价	表 2-3-5 教师评价表			
	班级： 姓名： 学号：			
	任务：运输滚筒对应不同型号板材的运行速度控制			
	评价项目	评价标准	分值	得分
	考勤 10%	无迟到、旷课、早退现象	10	
	完成时间	60 分钟满分，每多 10 分钟减 1 分	10	
	理论填写	正确率 100%为 20 分	10	
	接线规范	操作规范、接线美观正确	20	
	技能训练	程序正确编写满分为 20 分	10	
	任务创新	是否用另外编程思路完成任务	10	
	协调能力	与小组成员之间合作交流	10	
	职业素养	安全生产、保护环境、爱护设施	10	
	成果展示	能准确表达、汇报工作成果	10	
	合计		100	
	综合评价	自评（20%）	小组互评（30%）	教师评价（50%）	综合得分

知识准备

1. 比较指令

比较运算符包括：等于（==）、大于等于（>=）、小于等于（<=）、大于（>）、小于（<）、不等于（<>）。

本任务以等于（==）指令举例来讲解比较指令。

等于指令梯形图如图 2-3-2 所示。可以使用等于指令判断第一个比较值（<操作数 1>）是否等于第二个比较值（<操作数 2>）。如果满足比较条件，则指令返回逻辑运算结果（RLO）"1"。如果不满足比较条件，则该指令返回 RLO 为 "0"。该指令的 RLO 通过以下方式与整个程序段中的 RLO 进行逻辑运算：

- 串联比较指令时，将执行"与"运算。
- 并联比较指令时，将进行"或"运算。

在指令上方的操作数占位符中指定第一个比较值（<操作数 1>）。在指令下方的操作数占位符中指定第二个比较值（<操作数 2>）。

S7-1200_比较指令

图 2-3-2 等于（==）指令梯形图

如果启用了 IEC 检查，则要比较的操作数必须属于同一数据类型。如果未启用 IEC 检查，则操作数的宽度必须相同。

（1）比较浮点数

如果要比较数据类型 REAL 或 LREAL，则可使用指令"CMP==：等于"。建议使用指令"IN_RANGE：值在范围内"。

比较浮点数时，待比较的操作数必须具有相同的数据类型，而无须考虑具体的"IEC 检查"（IEC Check）设置。

对于无效运算的运算结果（如-1 的平方根），这些无效浮点数（NaN）的特定位模式不可比较。即：如果一个操作数的值为 NaN，则指令"CMP==：等于"的结果将为 FALSE。

（2）比较字符串

在比较字符串时，通过字符的代码比较各字符（例如"a"大于"A"）。从左到右执行比较，第一个不同的字符决定比较结果。

表 2-3-6 举例说明了字符串的比较：

表 2-3-6　字符串的比较

<操作数 1>	<操作数 2>	指令的 RLO
"AA"	"AA"	1
"Hello World"	"HelloWorld"	0
"AA"	"aa"	0
"aa"	"aaa"	0

此外，也可以对字符串中的各个字符进行比较。在操作数名称旁的方括号内，指定了待比较的字符位数。例如，"MyString[2]"表示与"MyString"字符串的第二个字符进行比较。

说明：

即使执行"inactive"指令，仍会显示状态。

请注意以下要求：

● 执行指令"CMP==：等于"（数据类型 STRING、WSTRING 或 VARIANT）之前，系统将查询程序段中的条件（如常开触点的值）。

● "开启监视"已启用。

● 该条件的新结果将程序段复位为 FALSE。指令"CMP==：等于"将取消激活。

结果：

对于指令"CMP==：等于"（数据类型 STRING、WSTRING 或 VARIANT），程序段中仍然显示之前的状态。

仅当关闭"开启监视"功能后再重新启用或移动到其他程序段中时，指令"CMP==：等于"（数据类型 STRING、WSTRING 或 VARIANT）的状态才会正确显示。指令"CMP==：等于"将在程序段中灰显为取消激活状态。

（3）比较定时器、日期和时间

系统无法比较无效定时器、日期和时间的位模式（例如 DT#2015-13-33-25：62：

99.999_999_999)。即,如果某个操作数的值无效,则指令"CMP==:等于"的结果将为FALSE。

并非所有时间类型都可以直接相互比较,如 S5TIME。此时,需要将其显式转换为其他时间类型(如 TIME),然后再进行比较。

如果要比较不同数据类型的日期和时间,则需将较小的日期或时间数据类型显式转换为较大的日期或时间数据类型。例如,比较日期和时间数据类型 DATE 和 DTL 时,将基于 DTL 进行比较。

如果显式转换失败,则比较结果为 FALSE。

比较 WORD 数据类型的变量与 S5TIME 数据类型的变量:

将 WORD 数据类型的变量与 S5TIME 数据类型的变量进行比较时,这两种变量都将转换为 TIME 数据类型。WORD 变量将解释为一个 S5TIME 值。如果这两个变量中的某个变量无法转换,则不进行比较且输出结果 FALSE。如果转换成功,则系统将基于所选的比较指令进行比较操作。

(4) 比较硬件数据类型

为了能够比较 PORT 数据类型的操作数,需要从指令框的下拉列表中选择 WORD 数据类型。

如果要比较这两种硬件数据类型 HW_IO 和 HW_DEVICE,则需先在块接口的"Temp"区域创建一个 HW_ANY 数据类型的变量,然后将数据类型为 HW_DEVICE 的 LADDR 复制到该变量中。之后,才能对 HW_ANY 和 HW_IO 进行比较。

(5) 比较结构

> **说明**
> 结构比较的可用性:结构比较功能仅适用于固件版本为 V4.2 及以上版本的 S7-1200 PLC 系列 CPU,以及固件版本为 V2.0 及以上版本的 S7-1500 PLC 系列 CPU。

如果两个变量的结构数据类型相同,则可以比较这两个结构化操作数的值。比较结构化变量时,待比较操作数的数据类型必须相同,而无须考虑具体的"IEC 检查"(IEC Check)设置。但两个操作数中的一个为 VARIANT,而另一个为 ANY 时除外。如果编程时数据类型未知,则可使用 VARIANT 数据类型。这样,就可比较任意数据类型的结构化变量操作数。此外,还可以比较 VARIANT 或 ANY 数据类型的变量。

可以从指令框的下拉列表中选择该比较指令的数据类型 VARIANT。支持以下数据类型的变量:

- PLC 数据类型(UDT)。
- STRUCT 数据类型(STRUCT 数据类型的结构需包含在 PLC 数据类型中,或者待比较的两个结构需为 ARRAY of STRUCT 的两个元素。不支持背景数据块和匿名结构的变量)。
- PLC 数据类型的数据块。
- ANY 指向的变量。
- VARIANT 指向的变量。

要比较选定数据类型 ARRAY 和 VARIANT 的两个变量,需满足以下要求:
- 元素的数据类型必须相同。

- 两个 ARRAY 的维数必须相同。
- 所有维数的元素数量必须相同，而具体的 ARRAY 限值无须相同。

说明：

① ARRAY of Bool 数据类型操作数。

比较数据类型为 ARRAY of Bool 的两个操作数时，需要从下拉列表中选择数据类型 VARIANT，而且如果元素的个数不能被 8 整除，还会比较填充位。这可能会影响比较结果。

如果待比较结构中的某个元素为无效 STRING/WSTRING、无效时间日期或无效浮点数，则 RLO（逻辑运算结果）中的比较结果将返回信号状态"0"。

表 2-3-7 举例说明了一个结构比较。

表 2-3-7 结构的比较

<操作数 1>			<操作数 2>		指令的 RLO
数据类型为 A 的变量<PLC 数据类型>		变量值	数据类型为 A 的变量<PLC 数据类型>	变量值	1
	Bool	FALSE	Bool	FALSE	
	INT	2	INT	2	

<操作数 1>			<操作数 2>		指令的 RLO
数据类型为 A 的变量<PLC 数据类型>		变量值	数据类型为 B 的变量<PLC 数据类型>	变量值	0
	Bool	FALSE	Bool	TRUE	
	INT	2	INT	3	

<操作数 1>			<操作数 2>		指令的 RLO
数据类型为 A 的变量<PLC 数据类型>		变量值	VARIANT（由数据类型为 A 的变量提供）	变量值	1
	Bool	FALSE	Bool	FALSE	
	INT	2	INT	2	

② 参数。表 2-3-8 列出了指令"等于"的参数。

表 2-3-8 等于指令的参数表

参数	声明	数据类型	存储区	说明
<操作数 1>	Input	位字符串、整数、浮点数、字符串、定时器、日期时间、ARRAY of<数据类型>（ARRAY 限值固定/可变）、STRUCT、VARIANT、ANY、PLC 数据类型	I、Q、M、D、L、P 或常量	第一个比较值
<操作数 2>	Input	位字符串、整数、浮点数、字符串、定时器、日期时间、ARRAY of<数据类型>（ARRAY 限值固定/可变）、STRUCT、VARIANT、ANY、PLC 数据类型	I、Q、M、D、L、P 或常量	要比较的第二个值
如上表中详细列示，数据类型 ARRAY、STRUCT（PLC 数据类型中）、VARIANT、ANY 和 PLC 数据类型（UDT）仅适用于固件版本 V2.0 或 V4.2 及更高版本				

可以从指令框的"？？？"下拉列表中选择该指令的数据类型。

2. 时钟指令

系统时间是格林尼治标准时间，本地时间是根据当地时区设置的本地标准时间。我国的本地时间（北京时间）比系统时间多 8 个小时。在组态 CPU 的属性时，设置时区为北京，不使用夏令时。

日期和时间指令在指令列表的"扩展指令"窗口的"日期和时间"选项卡中，输出参数 RET_VAL 是返回的指令的状态信息，数据类型为 INT。

生成全局数据块"数据块_1"，在其中生成数据类型为 DTL 的变量 DT1~DT3。

用监控表将新的时间值写入"数据块_1".DT3。"写时间"（M3.2）为"1"状态时，"写入本地时间"指令 WR_LOC_T 将输入参数 LOCTIME 输入的日期时间作为本地时间写入实时时钟。参数 DST 与夏令时有关，我国不使用夏令时。

"读时间"（M3.1）为"1"状态时，"读取时间"指令 RD_SYS_T 和"读取本地时间"指令 RD_LOC_T（见图 2-3-3）的输出 OUT 分别是数据类型为 DTL 的 PLC 中的系统时间和本地时间。图 2-3-3 给出了同时读出的系统时间 DT1 和本地时间 DT2，本地时间多 8 个小时。

"设置时区"指令 SET_TIMEZONE 用于设置本地时区和夏令时/标准时间切换的参数。

"运行时间定时器"指令 RTM 用于对 CPU 的 32 位运行小时计数器的设置、启动、停止和读取操作。

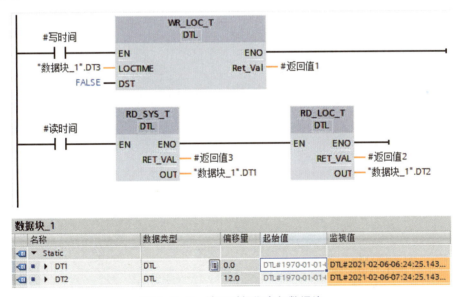

图 2-3-3 读写时间指令与数据块

注意事项

如何将一个没有使用过时钟的 PLC 赋上实时时间呢？在使用时钟指令前，打开编程软件菜单"PLC"→"实时时钟"界面，在该界面中可读出 PC 的时钟，然后可把 PC 的时钟设置成 PLC 的实时时钟，也可重新进行时钟的调整。PLC 时钟设定后才能开始使用时钟指令。

拓展训练

训练 1 用 PLC 实现由人工操作进行状态转换的交通灯控制，即操作人员每按下一次转换按钮，当前方向为绿灯的交通信号灯闪动 3 s 后进入红灯状态；当前方向为红灯的交通信号灯延时 3 s 后进入绿灯状态。

训练 2 用 PLC 实现分时段交通灯的控制，要求按下启动按钮后，交通灯分时段进行工作，在 6:00—23:00：东西方向绿灯亮 25 s，闪动 3 s，黄灯亮 3 s，红灯亮 31 s；南北方向红灯亮 31 s，绿灯亮 25 s，闪动 3 s，黄灯亮 3 s，如此循环；在 23:00—6:00：东西和南北方向黄灯均以秒级闪动，以示行人及机动车确认安全后通过。无论何时按下停止按钮，交通灯全部熄灭。

任务四　闪光频率控制

任务清单

项目名称	任务清单内容
任务情境	在木业自动化设备上一般会安装红、黄、绿三色灯，根据运行情况灯的闪烁频率是不一样的，比如紧急情况下，指示灯会进行快闪。那么如何运行 PLC 控制指示灯的闪烁频率呢？
任务目标	1）会进行闪光频率控制； 2）掌握跳转指令； 3）了解循环指令； 4）能使用跳转指令编写应用程序； 5）能读懂循环指令编写的程序； 6）能灵活处理编程时双线圈的输出； 7）树立操作设备时的警惕性。
素质目标	培养学生与他人合作的团队精神，敢于提出与别人不同的见解，也敢于放弃和修正自己的观点。
任务要求	用 PLC 实现闪光频率的控制，要求根据选择的按钮，闪光灯以相应频率闪烁。若按下慢闪按钮，闪光灯以 4 s 为周期闪烁；若按下中闪按钮，闪光灯以 2 s 为周期闪烁；若按下快闪按钮，闪光灯以 1 s 为周期闪烁。无论何时按下停止按钮，闪光灯熄灭。
任务分组	班级　　　　组号　　　　指导老师　　　 组长　　　　学号　　　　 组员：姓名　学号　姓名　学号
任务准备	**引导问题 1** 怎么实现 M0.5 输出 1 Hz 脉冲信号？

项目名称	任务清单内容
任务准备	**小提示**：在 PLC 属性里单击"系统和时钟存储"，然后单击"启用时钟存储器字节"。 **引导问题 2** 什么是跳转标签（LABEL）指令？ _____ _____ _____ **小提示**：① 跳转标签与指定跳转标签的指令必须位于同一数据块中；② 跳转标签的名称在块中只能分配一次。 **引导问题 3** 跳转标签语法规则是什么？ _____ _____ _____ **小提示**：① 字母（a~z，A~Z）；② 字母和数字组合；③ 不能使用特殊字符或反向排序字母与数字组合。 **引导问题 4** 跳转指令 JMP、JMPN、JMP_LIST 的用法： _____ _____ _____ **小提示**：① 跳转指令要和跳转标签配合起来使用；② 跳转指令跳转时，不执行跳转指令和跳转标签之前的程序；③ JMP 是当线圈通电时跳转、JMPN 当线圈不通电时跳转、JMP_LIST 是当线圈通电时可以跳转多个标签。 **引导问题 5** 分频电路的工作原理：　　　　　　　　　　　　分频电路解析 _____ _____ **小提示**：① 理解梯形图程序中为什么要用到上升沿指令；② 理解梯形图程序中 M0.0 的作用。

项目名称	任务清单内容
任务准备	**引导问题 6** 如何获得 2 s、4 s 周期信号？ _____ _____ _____
任务实施	**1. 分配 I/O** 根据任务要求，对输入量、输出量进行梳理，完成表 2-4-1。 表 2-4-1 闪光灯闪光频率控制输入/输出表 | 输入	输出
	| **小提示**：① 主动进行控制的按钮为输入；② 进行电路保护的元器件热继电器也为输入；③ 信号灯为输出。 **2. 连接 PLC 硬件线路** 在图 2-4-1 中完成闪光灯闪光频率控制 PLC 外部接线。 闪光灯频率运行控制 图 2-4-1 闪光灯闪光频率控制 PLC 外部接线图

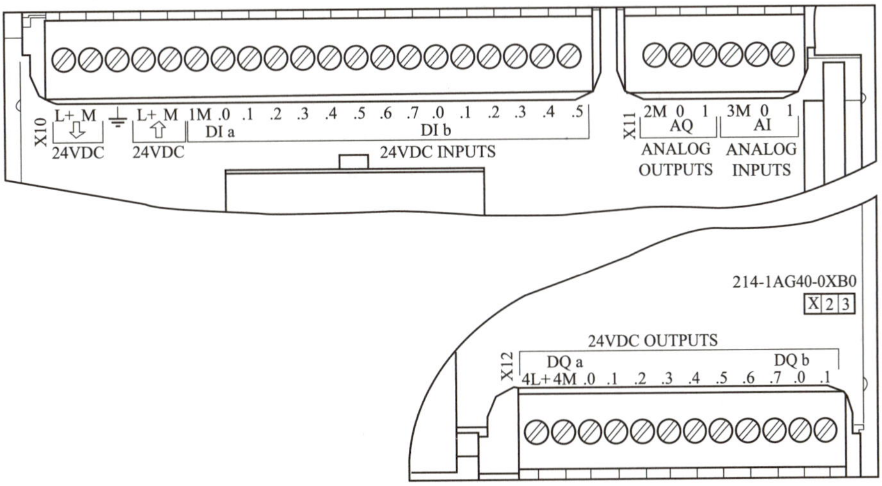

项目名称	任务清单内容
任务实施	小提示：① 电源端 L+和 M 接 24 V 电源；② 输入端接 24 V 电源；③ 输入端口有慢闪、中闪、快闪、停止开关 4 个，从 I0.0 开始接线；④ 负载电动机为 24 V 指示灯，因此输出端连 24 V 电源；⑤ 输出端口从 Q0.0 开始接线；⑥ 该电路只有 1 个输出端口。 **3. 创建工程项目** 小提示：将文件命名为"闪光灯闪光频率控制"，并将文件存放在特定位置；然后与 PLC 硬件匹配，添加 S7-1200 PLC 中的 CPU 1214C DC/DC/DC，其订货号为 6ES7 214-1AG40-0XB0，版本为 V4.0，然后单击右下角的"添加"按钮进入程序编辑界面。 闪光灯频率控制程序设计 **4. 填写变量表** 完成表 2-4-2。 表 2-4-2 闪光频率控制 I/O 分配表 | 输入			输出		
---	---	---	---	---	---
名称	数据类型	地址	名称	数据类型	地址
						 小提示：I/O 点位要和硬件接线 I/O 端子对应起来。 **5. 编写梯形图程序**

项目名称	任务清单内容
| 任务实施 | **程序段 3：**......<br>每 2s 产生一个单脉冲<br><br>```
    %M10.1              P_TRIG                          %M10.2
    "Tag_3"         ─── CLK    Q ───                    "Tag_6"
    ──┤├──                                              ──( )──
                        %M7.2
                        "Tag_5"
```<br><br>**程序段 4：**......<br>产生 4s 周期脉冲<br><br>```
    %M10.2       %M10.3
    "Tag_6"      "Tag_7"
    ──┤├──────────┤/├──────────────────────────┌ ─ ─ ─┐
                                                      
    %M10.2       %M10.3                         │     │
    "Tag_6"      "Tag_7"                        └ ─ ─ ─┘
    ──┤/├──────────┤├──
```<br><br>**程序段 5：**......<br>置慢闪运行标志位 M20.0<br><br>```
    %I0.0                                           (_____)
    "慢闪按钮"                                      ──( S )──
    ──┤├──
                                                    %M20.1
                                                    "Tag_10"
                                                ──( RESET_BF )──
                                                    (_____)
```<br><br>**程序段 6：**......<br>置中闪运行标志位 M20.1<br><br>```
    %I0.1                                           %M20.1
    "中闪按钮"                                       "Tag_10"
    ──┤├──                                          ──( S )──

                                                    (_____)
                                                    ──( R )──

                                                    (_____)
                                                    ──( R )──
``` |

项目名称	任务清单内容
| 任务实施 | **程序段 7：** ____<br>置快闪运行标志位M20.2<br><br>```
%I0.2          %M20.2
"快闪按钮"      "Tag_12"
──┤ ├──┬──────────(S)──
        │
        │         (____)
        │        ─(RESET_BF)─
        │              2
```<br><br>**程序段 8：** ____<br>跳转至慢闪<br><br>```
%M20.0
"Tag_9"
──┤ ├────────────────[    ]──
```<br><br>**程序段 9：** ____<br>跳转至中闪<br><br>```
%M20.1
"Tag_10"                  cas2
──┤ ├────────────────────(JMP)──
```<br><br>**程序段 10：** ____<br>跳转至快闪<br><br>```
(____)                    cas3
──┤ ├────────────────────(JMP)──
```<br><br>**程序段 11：** ____<br>输出指示灯慢闪，并跳转到空程序<br><br>```
         cas1
%M20.0                    %Q0.0
"Tag_9"                   "指示灯"
──┤ ├──┬──[    ]──────────( )──
        │
        │                  cas4
        └─────────────────(JMP)──
```|
```

项目名称	任务清单内容
任务实施	程序段 12： 输出指示灯中闪，并跳转到空程序 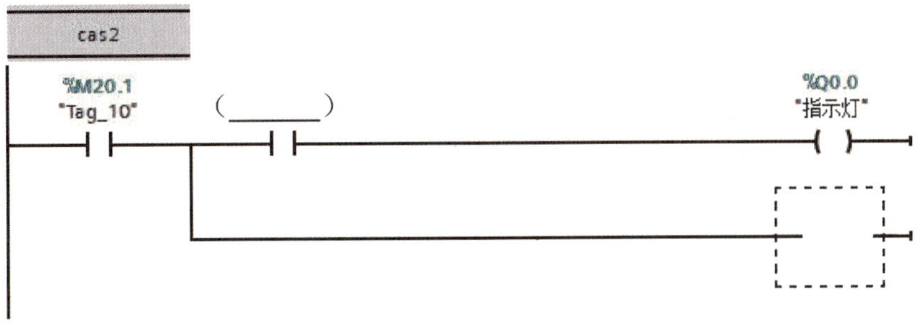 程序段 13： 输出指示灯快闪，并跳转到空程序 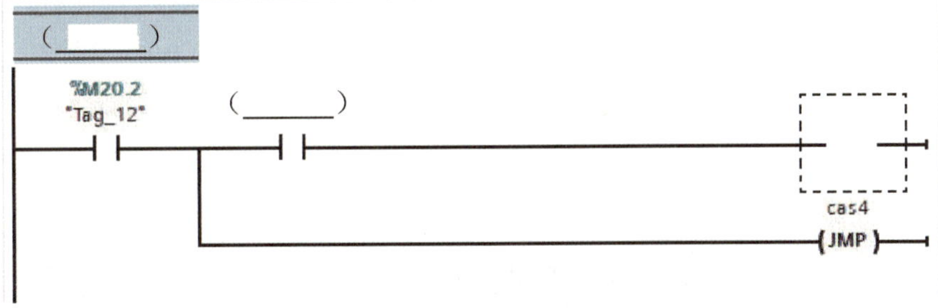 程序段 14： 空程序 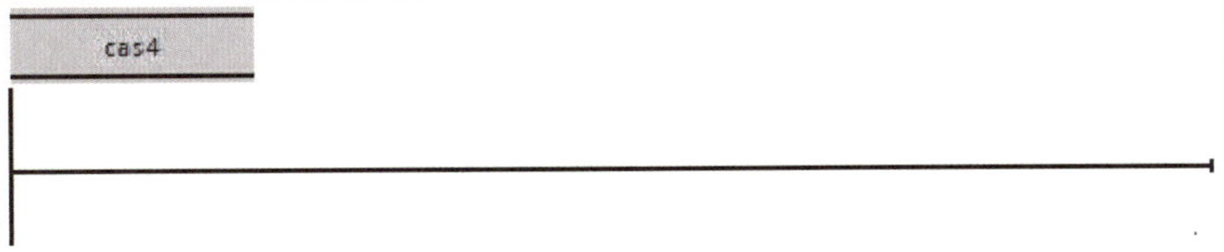 程序段 15： 系统停止 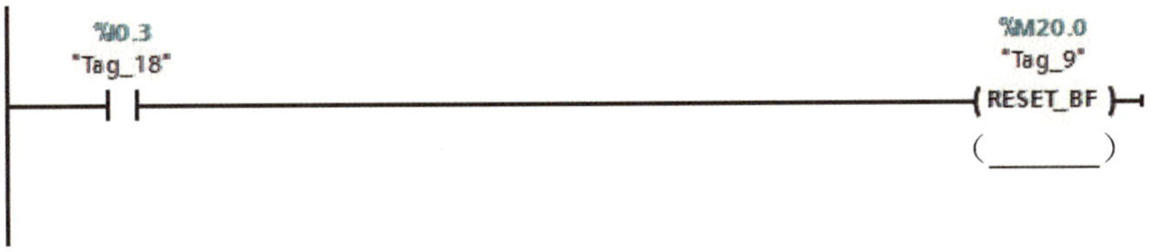

项目名称	任务清单内容
任务实施	1）完成程序段 1~15 中的填空。 **小提示**：① 程序段 1 中要输入一个 1 Hz 脉冲信号；② 对程序段 2 和程序段 4，要思考分频电路；③ 程序段 5、6、7 中要弄明白 M20.0~M20.2 分别代表什么，并理解"RESET_BF"指令的用法。④ 程序段 8 中要理解跳转指令的用法；⑤ 程序段 11 中要思考慢闪的信号从哪里来，并思考为什么要跳转到空程序中去；⑥ 程序段 12 中要思考中闪的信号从哪里来；⑦ 明白程序段 13 中跳转标签应该是多少，思考中闪的信号从哪里来；⑧ 停止系统要对哪些信号进行复位？ 2）程序段 2 起什么作用？ _____ _____ **小提示**：① 程序段 2 每隔 1 s 输出一个信号，让程序段 3 每隔 1 s 接收一个信号，加计数增 1；② 10 次计数后倒计时结束，定时器清零。 3）程序段 4 起什么作用？ _____ _____ **小提示**：程序段 3 输出的数字为每隔 1 s 加 1，因此需要将 9 减去输出的数字，才能得到倒计时的效果。 **6. 下载程序并试机** **引导问题 7** 描述控制分析过程： **小提示**：描述几种闪光频率的实现过程。
任务总结	通过完成上述任务，你学到了哪些知识和技能？

项目名称	任务清单内容
任务评价	各组代表展示作品，介绍任务的完成过程，并完成评价表 2–4–3～表 2–4–5。 表 2–4–3 学生自评表 班级：　　　　姓名：　　　　学号： 任务：闪光频率控制 	评价项目	评价标准	分值	得分
---	---	---	---
完成时间	60 分钟满分，每多 10 分钟减 1 分	10	
理论填写	正确率 100% 为 20 分	10	
接线规范	操作规范、接线美观正确	20	
技能训练	程序正确编写满分为 20 分	20	
任务创新	是否用另外编程思路完成任务	10	
工作态度	态度端正，无迟到、旷课	10	
职业素养	安全生产、保护环境、爱护设施	20	
合计		100	| 表 2–4–4 学生互评表 任务：闪光频率控制 | 评价项目	分值	等级				评价对象____组
---	---	---	---	---	---	---
计划合理	10	优 10	良 8	中 6	差 4	
方案准确	10	优 10	良 8	中 6	差 4	
团队合作	10	优 10	良 8	中 6	差 4	
组织有序	10	优 10	良 8	中 6	差 4	
工作质量	10	优 10	良 8	中 6	差 4	
工作效率	10	优 10	良 8	中 6	差 4	
工作完整性	10	优 10	良 8	中 6	差 4	
工作规范性	10	优 10	良 8	中 6	差 4	
成果展示	20	优 20	良 16	中 12	差 8	
合计	100						

木业自动化设备 PLC 应用技术

项目名称	任务清单内容

表 2-4-5　教师评价表

班级：		姓名：		学号：	
任务：闪光频率控制					
评价项目	评价标准		分值		得分
考勤 10%	无迟到、旷课、早退现象		10		
完成时间	60 分钟满分，每多 10 分钟减 1 分		10		
理论填写	正确率 100%为 20 分		10		
接线规范	操作规范、接线美观正确		20		
技能训练	程序正确编写满分为 20 分		10		
任务创新	是否用另外编程思路完成任务		10		
协调能力	与小组成员之间合作交流		10		
职业素养	安全生产、保护环境、爱护设施		10		
成果展示	能准确表达、汇报工作成果		10		
合计			100		
综合评价	自评（20%）	小组互评（30%）	教师评价（50%）	综合得分	

知识准备

1. 跳转指令

跳转的实现使 PLC 程序的灵活性和智能性大大提高，可以使主机根据对不同的条件通过跳转指令和标号指令配合实现跳转，选择执行不同的程序段。

（1）跳转标签（LABEL）指令

可使用跳转标签来标识一个目标程序段，如图 2-4-2 所示。执行跳转时，应继续执行该程序段中的程序。跳转标签与指定跳转标签的指令必须位于同一数据块中。跳转标签的名称在块中只能分配一次。S7-1200 PLC 的 CPU 最多可以声明 32 个跳转标签。

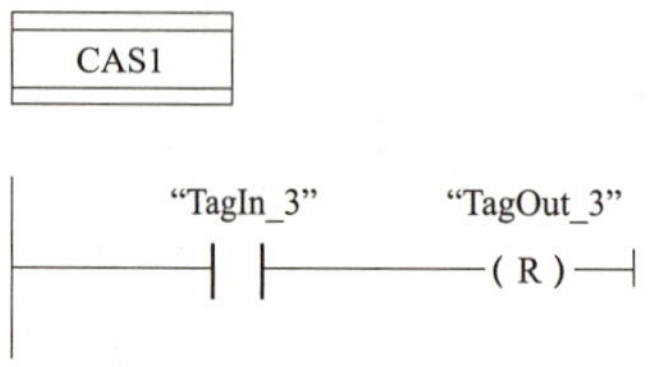

一个程序段中只能设置一个跳转标签。每个跳转标签可以跳转到多个位置。

遵守跳转标签的以下语法规则：

1）字母（a~z，A~Z）；

2）字母和数字的组合；需注意排列顺序，如首先

图 2-4-2　跳转标签（LABEL）指令应用

是字母（a~z，A~Z），然后是数字（0~9）；

3）不能使用特殊字符或反向排序字母与数字组合，如首先是数字，然后是字母（0~9，a~z，A~Z）。

（2）JMP 指令

当触发信号接通时，跳转指令 JMP 线圈有信号流流过，跳转指令使程序流程跳转到与 JMP 指令编号相同的标号指令 LABEL 处，顺序执行标号指令以下的程序，而跳转指令与标号指令之间的程序不执行。当触发信号断开时，跳转指令 JMP 线圈没有信号流流过，顺序执行跳转指令与标号指令之间的程序，其梯形图如图 2-4-3 所示。

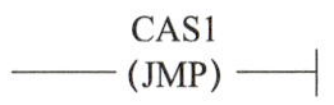

编号相同的两个或多个 JMP 指令可以在同一程序里。但在同一程序中，不可以使用相同编号的两个或多个 LABEL 指令。

图 2-4-3 JMP 梯形图

注意：标号指令前面无须接任何其他指令，即直接与左母线相连。

（3）JMP_LIST 指令

使用"定义跳转列表"指令，可定义多个有条件跳转，并继续执行由 K 参数的值指定的程序段中的程序。该指令梯形图如图 2-4-4 所示。

可使用跳转标签（LABEL）定义跳转，跳转标签则可以在指令框的输出指定。可在指令框中增加输出的数量。S7-1200 PLC 的 CPU 最多可以声明 32 个输出。

输出从值"0"开始编号，每次新增输出后以升序继续编号。在指令的输出中只能指定跳转标签，而不能指定指令或操作数。

K 参数值将指定输出编号，因而程序将从跳转标签处继续执行。如果 K 参数值大于可用的输出编号，则继续执行块中下个程序段中的程序。

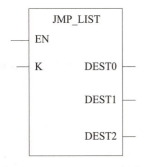

图 2-4-4 JMP_LIST 指令梯形图

仅在 EN 使能输入的信号状态为"1"时，才执行"定义跳转列表"指令。

2. 分频电路

图 2-4-5 所示为二分频电路的梯形图。

待分频的脉冲信号为 I0.0，设 M0.0 和 Q0.0 的初始状态为"0"。当 I0.0 的第一个脉冲信号的上升沿到来时，M0.0 接通一个扫描周期，即产生一个单脉冲，此时 M0.0 的常开触点闭合，与之相串联的 Q0.0 触点又为常闭，即 Q0.0 接通被置为"1"，在第二个扫描周期 M0.0 断电，M0.0 的常闭触点闭合，与之相串联的 Q0.0 常开触点因在前一扫描周期已被接通，即 Q0.0 的常开触点闭合，此时 Q0.0 的线圈仍然得电。

当 I0.0 的第二个脉冲信号的上升沿到来时，M0.0 又接通一个扫描周期，此时 M0.0 的常开触点闭合，但与之相串联的 Q0.0 的常闭触点在前一扫描周期是断开的，这两个触点状态逻辑"与"的结果是"0"；与此同时，M0.0 的常闭触点断开，与之相串联的 Q0.0 的常开触点虽然在前一扫描周期是闭合的，但这两个触点状态逻辑"与"的结果仍然是"0"，即 Q0.0 由"1"变为"0"，此状态一直保持到 I0.0 的第三个脉冲到来。当 I0.0 的第三个脉冲到来时，又重复上述过程。由此可见，I0.0 每发出两个脉冲，Q0.0 产生一个脉冲，完成对输入信号的二分频。

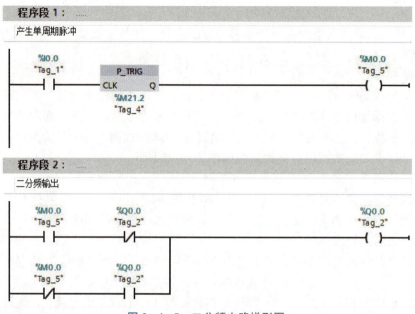

图 2-4-5 二分频电路梯形图

注意事项

1. 双线圈的处理

在工程应用中，系统常用"手动"和"自动"两种操作模式，而控制对象是相同的。又如在交通灯控制系统中，绿灯常亮和绿灯闪烁时，输出对象也是相同的。对初学者来说，编程时往往出现"双线圈"现象，在程序编译时系统不会报错，但在程序执行时往往会出现事与愿违的结果。那如何解决双线圈的问题呢？这需要通过中间存储器过渡一下，将其所有控制的触点合并后再驱动输出线圈即可。

双线圈

那在跳转指令中可否允许双线圈输出呢？答案是肯定的，允许有双线圈输出，但必须在不同的跳转程序区中，即保证在 PLC 的一个扫描周期中所扫描的程序段内不出现双线圈即可。

2. 断电数据保持

在工程应用中，往往需要在 PLC 断电时保持某些寄存器中的数据。S7-1200 PLC 提供了数据保持功能，在编程窗口左侧的"查看"栏中单击"系统块"图标，在"系统块"对话框中，单击"系统块"节点下的"断电数据保持"选项，可打开"断电数据保持"对话框，可根据任务要求设置断电保持寄存器及其数量。

拓展训练

用常规编程方法（不用跳转指令）实现本任务的控制要求。

项目三　模拟量与脉冲量及其应用

拓展阅读

周式精度　如琢如磨

人物事例

作为国家级技能大师，周建民在工具钳工这个平凡的岗位上40年的坚守，走出了一条令人尊敬的工匠之路。他完成了15 000余项专用量规生产制造任务，进行小改小革，工艺创新项目1 100余项，累计为公司创造价值3 100余万元。他秉承工匠精益求精、精雕细琢的产品态度，15 000余件微米级专用量规没有出现一件质量事故。他用工匠担当，组织团队破解位置量规、无人机内外轴、中国现代第一枪电磁枪等工厂、国家乃至世界级的机械制造难题。面对一次次高薪聘请、各种诱惑，他选择了工具钳工这个平凡的工人岗位，敬业坚守、道技合一、精雕细琢、默默敬业奉献。

人物速写

他有一双神奇之手，工作39年来，完成创新成果1 000余项；他有一双可靠之手，研制的16 000余件专用量规无一发生质量事故；他有一双精准之手，凭借眼看、耳听与手感，使专用量具达到微米级精度。执着忘我练就一身功夫，巧思钻研成就创新达人，一人一册培养后辈新人，他用行动诠释着工匠精神。

任务一　监测热油管道温度

任务清单

项目名称	任务清单内容
任务情境	秸秆刨花板是秸秆碎屑通过热油喷淋后经过相应工序热压而成的，而热油的温度是刨花板成形质量的重要参数，因此需要在管道中布置温度传感器实时监测管道内部热油温度，那么如何通过 PLC 利用温度传感器实现这一监测过程呢？
任务目标	1）掌握模拟量的基础知识； 2）掌握模拟量的编程方法； 3）掌握扩展模块的 I/O 分配原则； 4）能进行模拟量模块的硬件连接及输入信号类型的设置； 5）能进行模拟量输入的编程； 6）能灵活选用 S7-1200 PLC 的扩展模块。
素质目标	培养学生积极向上的乐观心态、面对困难从容面对的精气神。
任务要求	用 PLC 实现热油管道温度。系统由一组 10 kW 的加热器进行加热，温度要求控制在 100～110 ℃，炉内温度由一温度传感器进行检测，要求热油管道温度在被控范围内绿灯常亮，低于 100 ℃时黄灯亮，高于 120 ℃时红灯亮。
任务分组	班级　　　　　组号　　　　　指导老师　　 组长　　　　　学号　　 组员：姓名／学号／姓名／学号

项目三　模拟量与脉冲量及其应用

项目名称	任务清单内容
任务准备	**引导问题 1** 什么是 PLC 中的模拟量？其与数字量的区别是什么？ _____ _____ _____ **小提示**：① 模拟量是信号，比如电流、电压；② 数字量是可见的数字。 **引导问题 2** 什么是 S7－1200 PLC 模拟量扩展模块？ _____ _____ _____ **小提示**：S7－1200 PLC 的 CPU 要附加模拟量扩展模块才能实现模拟量输入/输出的功能，比如温度、压力、流量等的监测。 **引导问题 3** 介绍模拟量扩展模块 SM1234： _____ _____ **小提示**：SM1234 模拟量 I/O 模板有 4 路模拟量输入，2 路模拟量输出。 **引导问题 4** 模拟量扩展模块 SM1234 的模拟量采集输入地址在哪里看？地址分别是多少？ _____ _____ _____ **小提示**：在模拟量扩展模块设备组态中的 I/O 变量中查看。 **引导问题 5** 怎样处理采集到的温度模拟量值？ _____ _____ _____ **小提示**：将输入的模拟量信号经过"标准化"指令和"缩放"指令进行转换输出。

项目名称	任务清单内容
任务实施	**1. 分配 I/O** 根据任务要求，对输入量、输出量进行梳理，完成表 3–1–1。 表 3–1–1　监测热油管道温度的输入/输出表 | 输入	输出
	| 小提示：① 主动进行控制的按钮为输入；② 检测的模拟量为输入；③ 数字量为输出。 **2. 连接 PLC 硬件线路** 在图 3–1–1 中完成监测热油管道温度的 PLC 外部接线。 监测热油管道温度 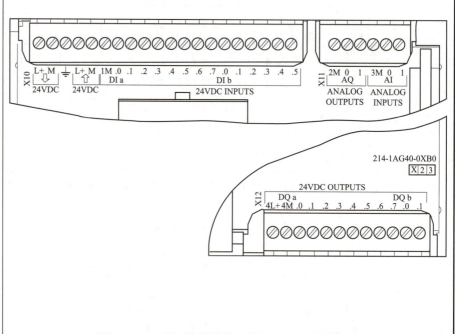 图 3–1–1　监测热油管道温度的 PLC 外部接线图

项目名称	任务清单内容
| 任务实施 | **小提示**：注意传感器 NPN 和 PNP 接线的区别。<br>**3. 创建工程项目**<br>**小提示**：将文件命名为"监测热油管道温度"，并将文件存放在特定位置；然后与 PLC 硬件匹配，添加 S7-1200 PLC 中的 CPU 1214C DC/DC/DC，其订货号为 6ES7 214-1AG40-0XB0，版本为 V4.0，然后单击右下角的"添加"按钮进入程序编辑界面。<br>**4. 填写变量表**<br>完成表 3-1-2。<br><br>表 3-1-2 监测热油管道温度的 I/O 分配表<br><br>| 输入 | | | 输出 | | |<br>|---|---|---|---|---|---|<br>| 名称 | 数据类型 | 地址 | 名称 | 数据类型 | 地址 |<br>|  |  |  |  |  |  |<br>|  |  |  |  |  |  |<br>|  |  |  |  |  |  |<br>|  |  |  |  |  |  |<br><br>**小提示**：I/O 点位要和硬件接线 I/O 端子对应起来。<br>**5. 编写梯形图程序**<br><br>▼ 程序段 1：……<br>开启监测<br><br>```
    %I0.0                                          %M0.0
   "开启监测"                                      "Tag_6"
    ──┤├──────────────────────────────────────────(S)──
```<br><br>▼ 程序段 2：<br>温度模拟量采集．模拟量数值转换．温度值输出<br><br>```
                              NORM_X
                              Int to Real
    (____)                ┌─────────────┐
    ──┤├─────────────┤EN        ENO├──────
                    0─┤MIN              │     %MD100
                (____)─┤VALUE        OUT├──"温度中转"
                (____)─┤MAX              │
                      └─────────────┘

                              SCALE_X
                              Real to Real
                     ┌─────────────┐
                 ────┤EN        ENO├──────
                  0.0─┤MIN              │     %MD200
                (____)─┤VALUE        OUT├──"温度值输出"
                150.0─┤MAX              │
                     └─────────────┘
``` |

项目名称	任务清单内容
| 任务实施 | ▼ **程序段 3：** ……<br>监测温度在范围内，绿灯亮<br><br>```
   %M0.0        %MD200        %MD200                    %Q0.0
   "Tag_6"    "温度值输出"   "温度值输出"                "绿灯"
  ——| |——————[    ]——————————[    ]——————————————————( )——
                   100.0          110.0
```<br><br>▼ **程序段 4：**<br>监测温度高于范围内，红灯亮<br><br>```
   (      )          %MD200                              (      )
                  "温度值输出"
  ——| |——————————[  >=  ]——————————————————————————————( )——
                     Real
                    110.0
```<br><br>▼ **程序段 5：** ……<br>监测温度低于范围内，黄灯亮<br><br>```
   %M0.0           %MD200                                %Q0.2
   "Tag_6"      "温度值输出"                              "黄灯"
  ——| |——————————[  <=  ]——————————————————————————————( )——
                     Real
                    100.0
```<br><br>▼ **程序段 6：** ……<br>停止监测<br><br>```
   %M0.1                                                (      )
  "停止监测"
  ——| |————————————————————————————————————————————————( R )——
```<br><br>1）完成程序段 1~6 中的填空。<br>**小提示：** ① 程序段 2 中，输入值的范围为 0~27 648；② 程序段 2 中，温度输入地址为扩展模块 SM1234 中的模拟量输入地址；要思考如何实现 10 s 定时后使定时器清零且不再定时；③ 程序段 2 中，缩放指令的输入为标准化指令的输出；④ 程序段 3 中，熟练运用比较指令；⑤ 思考停止监测后要复位掉什么？ |

项目名称	任务清单内容
任务实施	2）程序段 2 起什么作用？ _____ _____ **小提示**：模拟量转换。 **6. 下载程序并试机** 引导问题 6 描述控制分析过程：
任务总结	通过完成上述任务，你学到了哪些知识和技能？
任务评价	各组代表展示作品，介绍任务的完成过程，并完成评价表 3-1-3～表 3-1-5。 表 3-1-3　学生自评表 | 班级：	姓名：	学号：
---	---	---
任务：监测热油管道温度			
评价项目	评价标准	分值	得分
完成时间	60 分钟满分，每多 10 分钟减 1 分	10	
理论填写	正确率 100% 为 20 分	10	
接线规范	操作规范、接线美观正确	20	
技能训练	程序正确编写满分为 20 分	20	
任务创新	是否用另外编程思路完成任务	10	
工作态度	态度端正，无迟到、旷课	10	
职业素养	安全生产、保护环境、爱护设施	20	
合计 || 100		

项目名称	任务清单内容
任务评价	表3-1-4 学生互评表 任务：监测热油管道温度 	评价项目	分值	等级				评价对象___组
---	---	---	---	---	---	---
计划合理	10	优10	良8	中6	差4	
方案准确	10	优10	良8	中6	差4	
团队合作	10	优10	良8	中6	差4	
组织有序	10	优10	良8	中6	差4	
工作质量	10	优10	良8	中6	差4	
工作效率	10	优10	良8	中6	差4	
工作完整性	10	优10	良8	中6	差4	
工作规范性	10	优10	良8	中6	差4	
成果展示	20	优20	良16	中12	差8	
合计	100					| 表3-1-5 教师评价表 | 班级：		姓名：		学号：
---	---	---	---	---	 任务：监测热油管道温度 	评价项目	评价标准	分值	得分
---	---	---	---
考勤10%	无迟到、旷课、早退现象	10	
完成时间	60分钟满分，每多10分钟减1分	10	
理论填写	正确率100%为20分	10	
接线规范	操作规范、接线美观正确	20	
技能训练	程序正确编写满分为20分	10	
任务创新	是否用另外编程思路完成任务	10	
协调能力	与小组成员之间合作交流	10	
职业素养	安全生产、保护环境、爱护设施	10	
成果展示	能准确表达、汇报工作成果	10	
合计		100	
综合评价	自评（20%）	小组互评（30%）	教师评价（50%）	综合得分

知识准备

1. S7-1200 PLC 模拟量

在工业控制中,某些输入信号(例如温度、压力、流量、转速等)是模拟量信号,某些执行机构(例如电动调节阀和变频器等)要求 PLC 输出模拟量信号,而 PLC 的 CPU 只能处理数字量信号。模拟量 I/O 模块的任务就是实现模/数转换(A/D 转换)和数/模转换(D/A 转换)。模拟量信号首先被传感器和变送器转换为标准量程的电压或电流信号,例如 4~20 mA、0~10 V,PLC 用模拟量输入模块的 A/D 转换器将它们转换成数字量信号。带正负号的电流或电压信号在 A/D 转换后用二进制补码来表示。模拟量输出模块的 D/A 转换器将 PLC 中的数字量信号转换为模拟量的电压或电流信号,再去控制执行机构。A/D 转换器和 D/A 转换器的二进制位数反映了它们的分辨率,位数越多,分辨率越高。

2. S7-1200 PLC 模拟量扩展模块 SM1234 介绍

SIMATIC S7-1200,SM1234 模拟量 I/O 模板,4 点模拟量输入/2 点模拟量输出,±10 V、14 位分辨率,或 0~20 mA、13 位分辨率。

(1)信号类型

SM1234 信号类型见表 3-1-6。

表 3-1-6 SM1234 信号类型

模块型号	订货号	分辨率	负载信号类型	量程范围
SM 1234 4×模拟量输入/2×模拟量输出	6ES7 234-4HE32-0XB0	12 位+符号位	±10 V、±5 V、±2.5 V、0~20 mA、4~20 mA	-27 648~27 648、0~27 648

(2)接线图

模拟量扩展 SM1234 接线图如图 3-1-2 所示。

3. 设备组态及分配地址

(1)设备组态

选中 PLC_1 硬件目录-AI/AQ 中具体模块,如图 3-1-3 所示。然后拖动到槽 2 中,如图 3-1-4 所示。

(2)查看设备组态分配地址

从分配地址中(见图 3-1-5)读写数据:

通道 0 IW96;

通道 1 IW98;

通道 2 IW100;

通道 3 IW102。

4. 标准化指令

可以使用标准化指令,通过将输入 VALUE 中变量的值映射到线性标尺对其进行标准化。可以使用参数 MIN 和 MAX 定义值范围的限值。输出 RET_VAL 中的结果经过计算并存储为浮点数,这取决于要标准化的值在该值范围中的位置。如果要标准化的值等于输入 MIN 中的

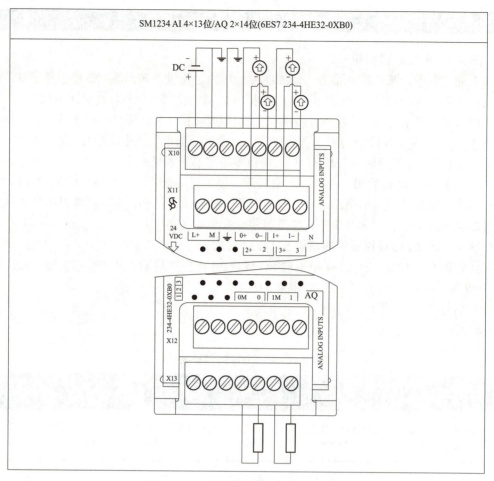

图 3-1-2　模拟量扩展 SM1234 接线图

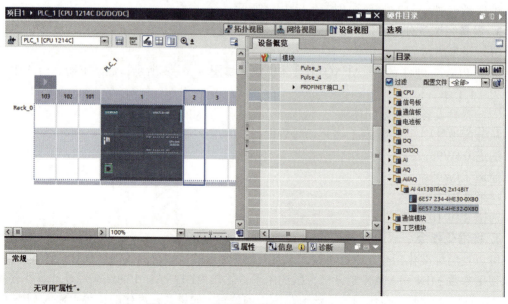

图 3-1-3　选取模拟量扩展模块 SM1234

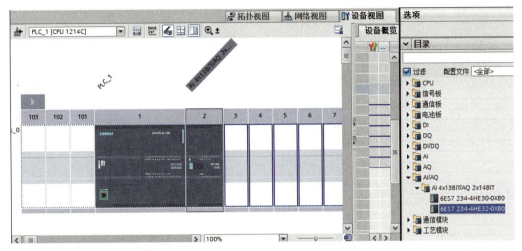

图 3-1-4 模拟量扩展模块 SM1234 组态（1）

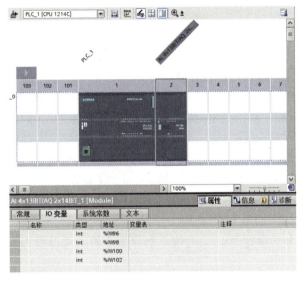

图 3-1-5 模拟量扩展模块 SM1234 组态（2）

值，则输出 OUT 将返回值"0.0"。如果要标准化的值等于输入 MAX 的值，则输出 OUT 需返回值"1.0"。

图 3-1-6 举例说明如何标准化值。

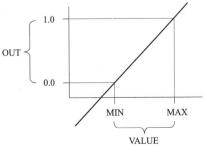

图 3-1-6 标准化值

133

"标准化"指令将按以下公式进行计算:
$$OUT = (VALUE - MIN)/(MAX - MIN)$$

5. 缩放指令

可以使用"缩放"指令将参数 IN 上的整数转换为浮点数,该浮点数在介于上下限值之间的物理单位内进行缩放。通过参数 LO_LIM 和 HI_LIM 来指定缩放输入值取值范围的下限和上限。指令的结果在参数 OUT 中输出。

图 3-1-7 举例说明如何缩放值。

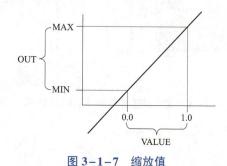

图 3-1-7 缩放值

"缩放"指令将按以下公式进行计算:
$$OUT = [((FLOAT(IN) - K1)/(K2 - K1))*(HI\_LIM - LO\_LIM)] + LO\_LIM$$

其中,常数"K1"和"K2"的值取决于参数 BIPOLAR 的信号状态。参数 BIPOLAR 可能有下列信号状态:

- 信号状态"1":假设参数 IN 的值为双极性且取值范围是 -27 648~27 648。此时,常数"K1"的值为 -27 648.0,而常数"K2"的值为 +27 648.0。
- 信号状态"0":假设参数 IN 的值为单极性且取值范围是 0~27 648。此时,常数"K1"的值为 0.0,而常数"K2"的值为 +27 648.0。

如果参数 IN 的值大于常数"K2"的值,则将指令的结果设置为上限值(HI_LIM)并输出一个错误。

如果参数 IN 的值小于常数"K1"的值,则将指令的结果设置为下限值(LO_LIM)并输出一个错误。

如果指定的下限值大于上限值(LO_LIM>HI_LIM),则结果将对输入值进行反向缩放。

6. S7-1200 PLC 中的模拟量转换

如上所知,标准化指令通过将输入 VALUE 中变量的值映射到线性标尺对其进行标准化。可以使用参数 MIN 和 MAX 定义范围的限值。输出 OUT 中的结果经过计算并存储为浮点数,这取决于要标准化的值在该值范围中的位置。如果要标准化的值等于输入 MIN 中的值,则输出 OUT 将返回值"0.0"。如果要标准化的值等于输入 MAX 的值,则输出 OUT 需返回值"1.0"。如果是用于模拟量的转换,则 MIN 和 MAX 表示的就是我们模拟量模块输入信号对应的数字量的范围,而 VALUE 表示的就是我们的模拟量模块的采用值。缩放指令,通过将输入 VALUE 的值映射到指定的值范围来对其进行缩放。当执行缩放指令时,输入 VALUE 的浮点值会缩放到由参数 MIN 和 MAX 定义的值范围。缩放结果为整数,存储在 OUT 输出中。

所以通过这两个指令,我们就可以实现模拟量的转换过程,如图 3-1-8 所示。

项目三 模拟量与脉冲量及其应用

图 3-1-8 模拟量转换

7. 传感器接线

传感器接线图如图 3-1-9 所示。

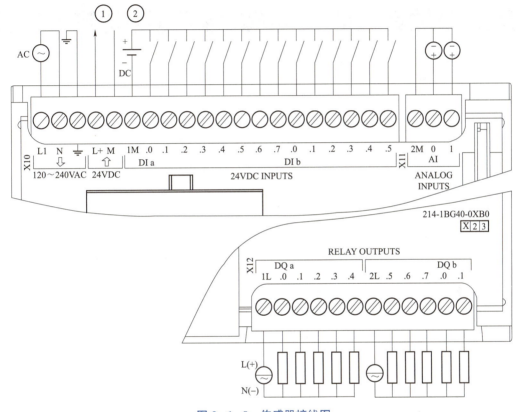

图 3-1-9 传感器接线图

①—24 V DC 传感器电源；

②—对于漏型输入将负载连接到"-"端（见图 3-1-9）；对于源型输入将负载连接到"+"端。

注意事项

有时候用户会发现模拟量模块测量的数据不准确，这是为什么呢？一般情况下，模拟量模块使用前（或测量的数据不准确时）应进行输入校准。其实模拟量模块出厂前已经进行了输入校准，若 OFFSET（偏置）和 GAIN（增益）电位器已被重新调整，需要重新进行输入校准，其步骤如下：

135

① 切断模块电源，选择需要的输入范围。
② 接通 CPU 和模块电源，使模块稳定 15 min。
③ 用一个变送器和一个电压源或一个电流源，将零值信号加到一个输入端。
④ 读取适当的输入通道在 CPU 中的测量值。
⑤ 调节 OFFSET（偏置）电位计，直到读数为零或所需要的数字数据值。
⑥ 将一个满刻度值信号接到输入端子中的一个，读出送到 CPU 的值。
⑦ 调节 GAIN（增益）电位计，直到读数为 32 000 或所需要的数字数据值。
⑧ 必要时，重复偏置和增益校准过程。

拓展训练

使用多个温度传感器对本任务进行控制。

项目三　模拟量与脉冲量及其应用

任务二　管道热油的 PID 控制

任务清单

项目名称	任务清单内容
任务情境	秸秆刨花板是秸秆碎屑通过热油喷淋后经过相应工序热压而成的,热油管道中的油温控制非常关键,PID 控制器具有原理简单、易于实现、适用面广、控制参数相互独立、参数选定比较简单,调整方便等优点,被广大科技人员及现场操作人员所采用,那么如何进行管道中油温的 PID 控制呢？
任务目标	1）了解温度变送器的应用和安装。 2）掌握 PID_Compact 指令的使用方法。 3）在调试窗口中整定 PID 控制器。
素质目标	培养学生开拓创新的精神,能从不同的角度提出问题、解决问题。
任务要求	通过 PLC 的 PWM 输出控制固态继电器的动合触点,从而控制加热棒的通电时间,具体的控制过程为：通过温度变送器将检测到的管道热油的当前温度信号转换为模拟量信号,经过 A/D 转换后转换成数字量信号供 PLC 进行处理,可在触摸屏上设置温度的设定值,通过 PID 控制器来控制加热器的通电时间,这样就可以实现恒温的动态平衡。
任务分组	班级：　　　组号：　　　指导老师： 组长：　　　学号： 组员：姓名／学号／姓名／学号
任务准备	**引导问题 1** PID 参数的含义是什么？ _____ _____ _____ **小提示**：在 PLC 常规设置系统和时钟设置里。

项目名称	任务清单内容
任务准备	**引导问题 2** PID 闭环控制系统的工作原理是什么? _____ _____ _____ **小提示**:① PID 闭环控制系统主要由 PID 控制器、D/A 转换器、执行机构、被控对象、测量元件、变送器、A/D 转换器构成;② 由测量元件检测信号,转换后传输到 PID 控制器,然后由 PID 控制器发送信号,经转换后控制执行机构。 **引导问题 3** PID 控制的优点是什么? _____ _____ _____ **小提示**:① 结构简单,容易实现;② 使用方便;③ 较强的灵活性和适应性;④ 不需要被控对象的数学模型。 **引导问题 4** 怎么调用 PID 指令? _____ _____ _____ **小提示**:① 在工艺指令中的"PID_Compact 指令"中;② 在"工艺对象"中可生成背景数据块。 **引导问题 5** 为什么 PID 指令要在循环中断组织块中进行调用? _____ _____ _____ **小提示**:为保证准确的采样时间,调用 PID_Compact 指令的时间间隔称为采样时间。 **引导问题 6** 怎么设置 PID 组态参数? _____ _____ _____ **小提示**:① 控制器类型;② 反向调节;③ 控制器的输入/输出参数;④ 过程值设置;⑤ 组态控制器的控制参数;⑥ 直接设置 PID 控制器的参数。

项目名称	任务清单内容
任务实施	**1. 分配 I/O** 根据任务要求，对输入量、输出量进行梳理，完成表 3–2–1。 表 3–2–1　管道热油的 PID 控制输入/输出表 | 输入	输出
	| 小提示：① 主动进行控制的按钮为输入；② 检测的信号为输入；③ 执行元件为输出。 **2. 连接 PLC 硬件线路** 在图 3–2–1 中完成管道热油的 PID 控制 PLC 外部接线。 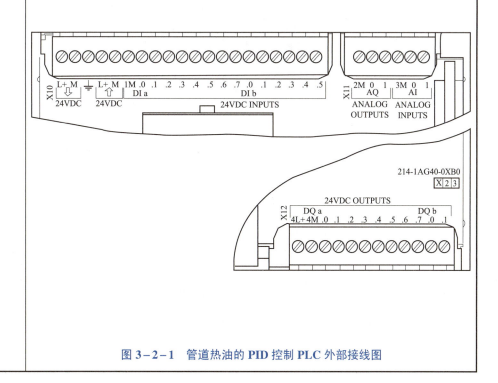 图 3–2–1　管道热油的 PID 控制 PLC 外部接线图

项目名称	任务清单内容
任务实施	**3. 创建工程项目** **小提示**：将文件命名为"管道热油的 PID 控制"，并将文件存放在特定位置；然后与 PLC 硬件匹配，添加 S7-1200 PLC 中的 CPU 1214C DC/DC/DC，其订货号为 6ES7 214-1AG40-0XB0，版本为 V4.0，然后单击右下角的"添加"按钮进入程序编辑界面。 **4. 填写变量表** 完成表 3-2-2。 表 3-2-2　管道热油的 PID 控制 I/O 分配表 | 输入			输出		
---	---	---	---	---	---
名称	数据类型	地址	名称	数据类型	地址
						  小提示：I/O 点位要和硬件接线 I/O 端子对应起来。 **5. 编写梯形图程序** 1）添加循环中断组织块。 2）基本参数组态。展开界面左侧的目录树，双击"工艺对象"文件夹中的"组态"参数，拟组态 PID 控制器的基本参数。 在"控制器类型"区域中选择"温度"选项，输入值为"Input_PER()"（模拟量整数反馈），输出值为"Output_PWM"（PWM 输出）。 3）反馈值量程化。模拟量输入经过 A/D 转换后的最大值（上限）为"27 648.0"，这个数值对应温度是 100 ℃。 4）编程： 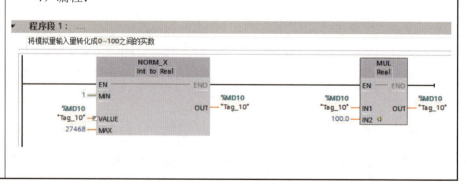

项目名称	任务清单内容
	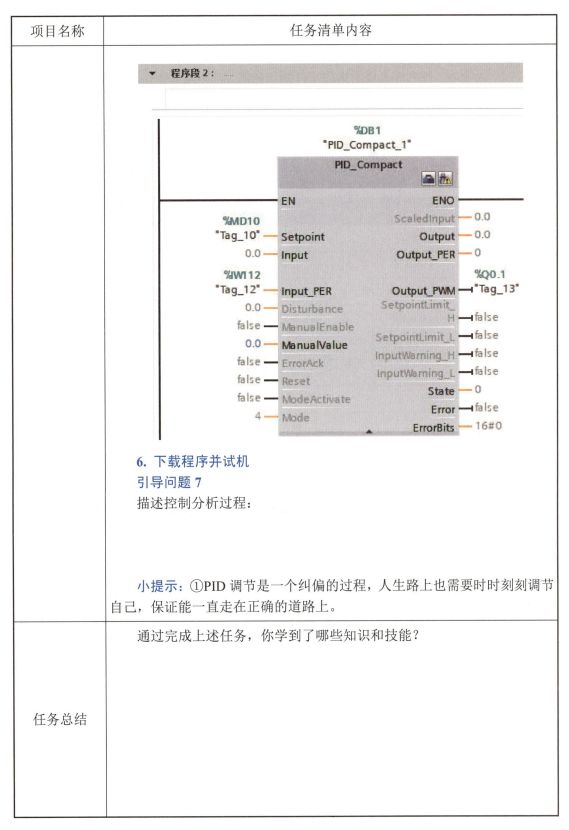
6. 下载程序并试机
引导问题 7
描述控制分析过程：

小提示：①PID 调节是一个纠偏的过程，人生路上也需要时时刻刻调节自己，保证能一直走在正确的道路上。 |
| 任务总结 | 通过完成上述任务，你学到了哪些知识和技能？ |

141

项目名称	任务清单内容
任务评价	各组代表展示作品,介绍任务的完成过程,并完成评价表 3-2-3~表 3-2-5。 表 3-2-3 学生自评表 	班级:	姓名:	学号:
---	---	---
任务:管道热油的 PID 控制				 	评价项目	评价标准	分值	得分
---	---	---	---
完成时间	60 分钟满分,每多 10 分钟减 1 分	10	
理论填写	正确率 100%为 20 分	10	
接线规范	操作规范、接线美观正确	20	
技能训练	程序正确编写满分为 20 分	20	
任务创新	是否用另外编程思路完成任务	10	
工作态度	态度端正,无迟到、旷课	10	
职业素养	安全生产、保护环境、爱护设施	20	
合计 || 100	| 表 3-2-4 学生互评表 | 任务:管道热油的 PID 控制						
---	---	---	---	---	---	---
评价项目	分值	等级				评价对象___组
计划合理	10	优 10	良 8	中 6	差 4	
方案准确	10	优 10	良 8	中 6	差 4	
团队合作	10	优 10	良 8	中 6	差 4	
组织有序	10	优 10	良 8	中 6	差 4	
工作质量	10	优 10	良 8	中 6	差 4	
工作效率	10	优 10	良 8	中 6	差 4	
工作完整性	10	优 10	良 8	中 6	差 4	
工作规范性	10	优 10	良 8	中 6	差 4	
成果展示	20	优 20	良 16	中 12	差 8	
合计	100						

项目名称	任务清单内容
任务评价	表 3–2–5 教师评价表 班级：　　　姓名：　　　学号： 任务：管道热油的 PID 控制 	评价项目	评价标准	分值	得分
---	---	---	---
考勤 10%	无迟到、旷课、早退现象	10	
完成时间	60 分钟满分，每多 10 分钟减 1 分	10	
理论填写	正确率 100% 为 20 分	10	
接线规范	操作规范、接线美观正确	20	
技能训练	程序正确编写满分为 20 分	10	
任务创新	是否用另外编程思路完成任务	10	
协调能力	与小组成员之间合作交流	10	
职业素养	安全生产、保护环境、爱护设施	10	
成果展示	能准确表达、汇报工作成果	10	
合计		100	
综合评价	自评（20%）	小组互评（30%）	教师评价（50%）	综合得分	

知识准备

1. PID 参数的含义

（1）比例控制（P）

比例控制是一种最简单、最常用的控制方式，如放大器、减速器和弹簧等都是比例控制的应用范例。比例控制器能够立即成比例地响应输入的变化量。但仅有比例控制时，系统输出存在着稳态误差。

（2）积分控制（I）

在积分控制中，控制器的输出量是输入量对时间的积累。对一个自动控制系统，如果在进入稳态后存在静态误差，则称这个控制系统是具有稳态误差的或简称其为有差系统。为了消除稳态误差，在控制器中必须引入"积分项"。积分项也会随着时间的增加而加大，它推动控制器的输出增大，使稳态误差进一步减少，直到等于零。因此，采用"比例＋积分"（PI）控制器，可以使系统在进入稳态后无稳态误差。

（3）微分控制（D）

在微分控制中，控制器的输出与输入误差信号的微分（即误差的变化率）成正比关系。

自动控制系统在克服误差的调节过程中可能会出现振荡甚至失稳，其原因是系统存在较大的惯性组件（环节）或滞后组件，具有抑制误差的作用，其变化总是落后于误差的变化。解决的办法是使抑制误差的作用的变化"超前"，在误差接近于零时，抑制误差的作用就应该是零。这就是说，在控制器中仅引入比例控制往往是不够的，比例控制的作用仅是放大误差的幅值，需要增加的是"微分项"，它能预测误差变化的趋势。这样，具有"比例+微分"功能的控制器能够提前使抑制误差的控制作用等于零，甚至为负值，从而避免被控量的严重超调。所以对有较大惯性组件或滞后组件的被控对象，"比例+微分"（PD）控制器能改善系统在调节过程中的动态特性。

（4）PID 控制器的优点

PID 控制器是应用最广的闭环控制器，这是由于它具有以下优点。

1）不需要被控对象的数学模型。自动控制理论中的分析和设计方法主要是建立在被控对象的线性定常数学模型的基础上的。这种模型忽略了实际系统中的非线性和时变性，与实际系统有较大的差距。对于许多工业控制对象，根本就无法建立较为准确的数学模型，因此自动控制理论中的设计方法很难用于大多数控制系统。对于这一类系统，使用 PID 控制可以得到令人满意的效果。

2）结构简单，容易实现。PID 控制器的结构典型，程序设计简单，计算工作量较小，各参数有明确的物理意义，参数调整方便，容易实现多回路控制、串级控制等复杂控制。

3）有较强的灵活性和适应性。根据被控对象的具体情况，可以采用 PID 控制器的多种变种和改进控制方式，例如 PI 控制器、PD 控制器、带死区的 PID 控制器、被控制量微分 PID 控制器、积分分离的 PID 控制器和变速积分的 PID 控制器等。

4）使用方便。现在已经有许多 PLC 生产厂家开发出具有 PID 控制功能的产品，例如 PID 闭环控制模块、PID 控制指令和 PID 控制功能块等，它们使用起来十分方便，只需要设置一些参数即可。

2. PID 控制系统结构

PID 控制器就是根据系统的误差，利用比例、积分、微分计算出控制参数，进行系统控制。当被控制对象的结构和参数不能完全掌握，或得不到精确的数学模型时，控制理论的其他技术难以采用，系统控制器的结构和参数必须依靠经验和现场调试来确定，这时应用 PID 控制技术最为方便。即当我们不完全了解一个系统和被控对象，或不能通过有效的测量手段来获得系统参数时，采用 PID 控制技术最为适宜。

PID 闭环控制系统框图如图 3-2-2 所示，其中虚线部分在 PLC 内。在模拟量闭环控制系统中，被控制量 $c(t)$（即系统的输出量，例如压力、温度、流量、转速等）是连续变化的模拟量，大多数执行机构（例如直流调速装置、电动调节阀或变频器等）要求 PLC 输出模拟量信号 $M(t)$，而 PLC 的 CPU 只能处理数字量信号。$c(t)$ 首先被测量元件和变送器转换为标准量程（例如 DC 4~20 mA 和 DC 0~10 V）的直流电流信号或直流电压信号，然后通过 A/D 转换器得到与被测数字量成比例的 PV_n，这时 CPU 将它与设定的值 SP_n 进行比较，并按某种控制规律（如 PID 控制算法）对误差值 e_n 进行运算，将运算结果通过 D/A 转换器转换成标准量程的电流信号或电压信号 $M(t)$，用来控制执行机构，执行机构控制被控对象，实现闭环控制。

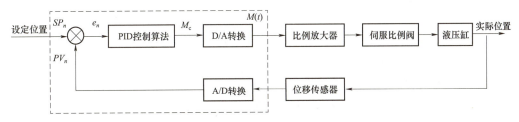

图 3-2-2　PID 闭环控制系统框图

（1）PID 控制算法

PID 控制器调节输出，保证偏差（e）为零，使系统达到稳定状态，偏差是给定值（SP）和过程变量（PV）的差。PID 控制的原理基于以下公式：

$$M(t) = K_c e + K_c \int_0^1 e \mathrm{d}t + M_{\text{initial}} + K_c \frac{\mathrm{d}e}{\mathrm{d}t} \quad (3\text{-}2\text{-}1)$$

式中　$M(t)$——PID 回路的输出；

K_c——PID 回路的增益；

e——PID 回路的偏差（给定值与过程变量的差）；

M_{initial}——PID 回路输出的初始值。

由于式（3-2-1）是连续量的算式，必须将连续量离散化才能在 CPU 中运算，离散处理后的公式如下：

$$M_n = K_c e_n + K_i \sum_{x=1}^{N} e_x + M_{\text{initial}} + K_d (e_n - e_{n-1}) \quad (3\text{-}2\text{-}2)$$

式中　M_n——在第 n 次采样时刻 PID 回路输出的计算值；

K_i——积分项的比例常数；

K_d——微分项的比例常数；

e_n——在第 n 次采样时刻 PID 回路的偏差值；

e_{n-1}——在第 $n-1$ 次采样时刻 PID 回路的偏差值；

e_x——在第 x 次采样时刻 PID 回路的偏差值；

M_{initial}——PID 回路输出的初始值。

设 $M_{\text{initial}}=0$，再对式（3-2-2）进行改进和简化，得出如下计算 PID 输出的算式：

$$M_n = MP_n + MI_n + MD_n \quad (3\text{-}2\text{-}3)$$

式中　MI_n——第 n 次采样时刻积分项的值；

MD_n——第 n 次采样时刻微分项的值。

MP_n——第 n 次采样时刻比例项的值。

$$MP_n = K_c (SP_n + PV_n) \quad (3\text{-}2\text{-}4)$$

式中　SP_n——第 n 次采样时刻的给定值；

PV_n——第 n 次采样时刻的过程变量值。

很明显，比例项 MP_n 的数值大小和增益 K_c 成正比，增益 K_c 增加可以直接导致比例项 MP_n 快速增加，从而直接导致 M_n 增加。

$$MI_n = \frac{K_c T_s}{T_i(SP_n - PV_n)} + MX \quad (3-2-5)$$

式中　T_s——回路的采样时间；
　　　T_i——积分时间；
　　　MX——第 $n-1$ 次采样时刻的积分项（也称为积分前项）。

很明显，积分项 MI_n 的数值大小随着积分时间 T_i 的减少而增加，T_i 的减小可以直接导致积分项 MI_n 增加，从而直接导致 M_n 增加。

$$MD_n = \frac{K_c(PV_{n-1} - PV_n)T_d}{T_s} \quad (3-2-6)$$

式中　T_d——微分时间；
　　　PV_n——第 n 次采样时刻的过程变量值；
　　　PV_{n-1}——第 $n-1$ 次采样时间的过程变量。

很明显，微分项 MD_n 的数值大小随着微分时间 T_d 的增加而增加，T_d 的增加可以直接导致积分项 MD_n 增加，从而直接导致 M_n 的增加。

注意：根据这几个公式，增益 K_c 增加可以直接导致比例项 MP_n 快速增加，T_i 减小可以直接导致积分项 MI_n 增加，微分项 MD_n 的数值大小随着微分时间 T_d 的增加而增加，从而直接导致 M_n 增加。理解这一点，对于正确调节 P、I、D 三个参数是至关重要的。

（2）PID 控制器的参数整定

PID 控制器的参数整定是控制系统设计的核心内容。它是根据被控过程的特性，确定 PID 控制器的增益、积分时间和微分时间的大小。PID 控制器参数整定的方法很多，最常用的有理论计算整定法和工程整定法。

理论计算整定法主要依据系统的数学模型，经过理论计算确定 PID 控制器参数。这种方法所得到的计算数据未必能够直接使用，往往还需要通过工程实际进行调整和修改。

工程整定法主要依赖于工程经验，直接在控制系统的试验中进行 PID 控制器的参数整定，其方法简单、易于掌握，在工程实际中得到了广泛应用。PID 控制器参数的工程整定法，又分为临界比例法、反应曲线法和衰减法。这三种方法各有其特点，其共同点都是通过试验，然后按照工程经验公式对控制器的参数进行整定。

3. S7–1200 PLC 中 PID 模块调用及参数定义

S7–1200 PLC 使用 PID_Compact 指令来实现 PID 控制，该指令的背景数据块称为 PID_Compact 技术对象，由该指令实现的 PID 控制器具有参数自整定功能和自动、手动模式。

PID 控制器连续地采集被控变量的实际值（简称为实际值或输入值），并与期望的设定比较。根据得到的系统误差，PID 控制器计算控制器的输出，使被控变量尽可能快地接近设定值或进入稳态。

PID 控制器的输出值由以下 3 个分量组成：

① 与系统误差成比例的比例分量。
② 与系统误差的积分成比例的积分分量。
③ 与系统误差的变化率（微分）成比例的微分分量，系统误差减小时，微分部分为负值。

（1）生成一个新的项目

打开 TIAPortalV14SP1 的项目视图，生成一个名为"PID"的新项目。双击项目树中的"添加新设备"选项,添加一个 PLC 设备。CPU 型号为 CPU 1214C。

(2) 调用 PID_Compact 指令

调用 PID_Compact 指令的时间间隔称为采样时间,为了保证精确的采样时间,用固定时间间隔执行 PID_Compact 指令,应在循环中断组织块中调用 PID_Compact 指令。

打开项目树中"PLC_1"文件夹下的"程序块"文件夹,双击其中的"添加新块"选项,在弹出的"添加新块"对话框中单击"组织块"按钮,选择"Cyclic interrupt"选项,生成循环中断组织块 OB30,设置适当的循环时间间隔,如图 3-2-3 所示。然后单击"确定"按钮,自动生成和打开 OB30。

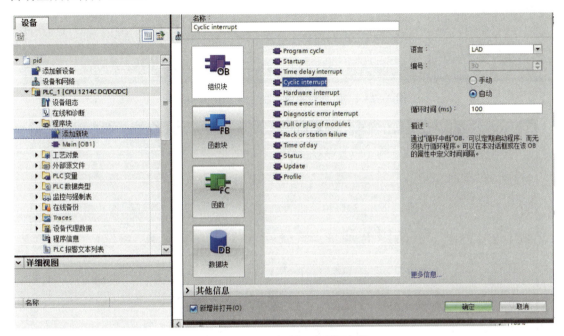

图 3-2-3　添加循环中断组织块

注意:因为程序执行的扫描周期不相同,一定要在循环中断组织块里调用 PID_Compact 指令。这样可以保证系统以恒定的采样时间间隔执行 PID_Compact 指令。

在"指令"任务卡的"工艺"选项下,选择"PID 控制"文件夹→"Compact PID"文件夹→"PID_Compact"选项,将 PID_Compact 指令添加至循环中断组织块,如图 3-2-4 所示。将默认的背景数据块的名称改为"PID_DB",然后单击"确定"按钮,在项目树的"系统块"文件夹中生成名为"PID_Compact"的功能块 FB1130,在文件夹"工艺对象"中生成背景数据块"PID_DB [DB1]"。

(3) PID_Compact 指令的模式

1) 未激活模式。

PID_Compact 指令的技术对象被组态并首次下载到 CPU 之后,PID 控制器处于未激活模式,此时需要在调试窗口中进行自整定初始启动。在运行出现错误时,或者单击"采样时间"旁的"Stop"按钮后,如图 3-2-5 所示,PID 控制器将进入未激活模式。此时若直接选择其他运行模式,会出现活动状态的错误提示。

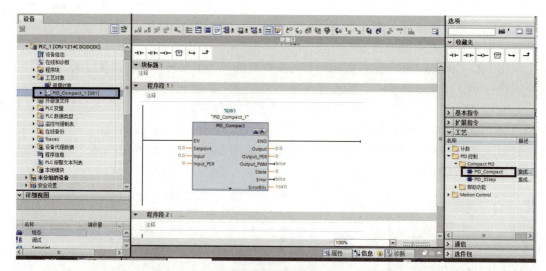

图 3-2-4　工艺对象中关联生成 PID_Compact

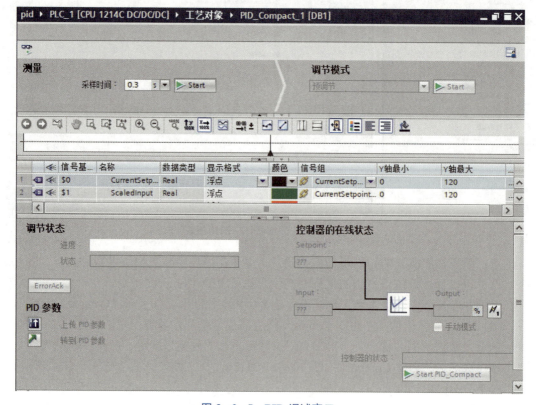

图 3-2-5　PID 调试窗口

2）预调节模式。

在预调节模式下可确定对输出值跳变的过程响应，并搜索拐点。根据受控系统的最大上升速率与时间计算 PID 参数。

3）精确调节模式。

精确调节模式将使过程值出现恒定受限的振荡。根据该振荡的幅度和频率重新计算 PID

参数。精确调节得出的 PID 参数通常比预调节得出的 PID 参数具有更好的主控和扰动特性。可在预调节模式和精确调节模式下获得最佳的 PID 参数。

4）自动模式。

在自动模式下，PID_Compact 指令会按照指定的参数来更正受控系统。满足下列任意一个要求时，控制器将进入自动模式。

① 预调节模式完成。

② 精确调节模式完成。

③ Mode=3 且 Mode Activate 出现上升沿。

从自动模式到手动模式的切换只有在调试编辑器中执行时，才是无扰动的。自动模式下会考虑变量 Activate Recover Mode 的影响。

5）手动模式。

在手动模式下，可以在参数 Manual Value 中指定手动输出值。还可以使用 Manual Enable=1 来激活该工作模式。建议只使用参数 Mode 和 Mode Activate 更改工作模式。从手动模式到自动模式的切换是无扰动的，错误未解决时也可使用手动模式。

6）带错误监视的替代输出值模式。

在该模式下控制算法取消激活。变量 Set Substitute Output 确定此工作模式下输出哪个输出值。

如果满足以下所有条件，PID_Compact 指令出现错误时会激活该工作模式而不激活未激活模式。

① 自动模式（Mode=3）。

② Active Recover Mode=1。

③ 已出现一个或多个错误，并且 Active Recover Mode 生效。

当错误不再处于未解决状态时，PID_Compact 指令切换回自动模式。

（4）组态基本参数

打开 OB30，选中 PID_Compact 指令，然后选中监视窗口左边的"常规"选项，在窗口右边设置 PID 的基本参数。

1）控制器类型。

控制器的类型即所需测量的物理量，其默认为"常规"，设定值与实际值的单位为"%"。可以用下拉列表选择所需的物理量，例如转速、压力、流量等，被控量的单位随之而变，如图 3-2-6 所示。

2）反向调节。

有些控制系统需要反向调节，例如在冷却系统中，增大阀门开度来降低液位，或者增大制冷作用来降低温度。为此勾选"反转控制逻辑"复选框，在 PID 控制器的输出值增大时，减小实际的被控值。

3）控制器的输入/输出参数。

控制器的输入/输出参数分别为设定值（Setpoint）、输入值（Input Value，即被控制的变量的反馈值）和输出值（Output Value）。可以用各数值左边的下拉按钮选择来自功能块（Function Block）或背景数据块（Instance Datablock）的数值。用输入值下面的下拉列表选择输入值为来自用户程序的"Input"或"Input_PER（模拟量）"（模拟量处设输入，即直接指定

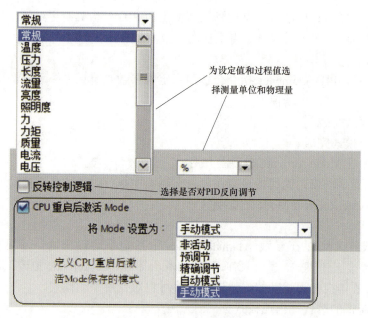

图 3-2-6 控制器类型

模拟量输入的地址),用输出值下面的下拉列表选择输出值为来自用户程序的"Output""Output_PWM"(脉冲宽度调制的数字量开关输出)或"Output_PER(模拟量)"(外设输出,即直接指定模拟量输出的地址)。上述设置可以通过下拉列表进行选择,如图3-2-7(a)所示,也可以直接在梯形图中输入参数的绝对地址或符号地址,如图3-2-7(b)所示。

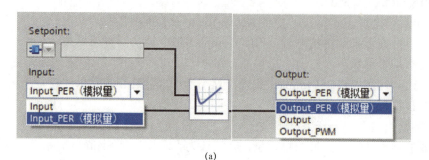

图 3-2-7 定义 Input/Output 参数
(a)通过下拉列表设置;(b)直接在梯形图中输入

项目三 模拟量与脉冲量及其应用

4)过程值设置。

选中图3-2-8所示的监视窗口左边的过程值设定,可以设置输入值及其偏移量。默认的比例为模拟量的实际值(或来自用户程序的输入值)为0.0%~100.0%,A/D转换后的对应值为0.0~27 648.0,可以修改这些参数。

可以设置输入的上限值和下限值。在运行时一旦超过上限值或低于下限值,停止正常的控制,输出值被设置为0。单击"Default"按钮,可试用默认值替换现有的值。

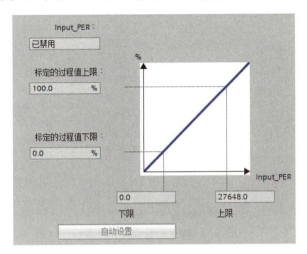

图3-2-8 过程值的设置

5)组态控制器的控制参数。

为了设置PID的高级参数,打开项目树"PLC_1文件夹→"工艺对象"文件夹→"PID_DB"文件夹,双击其中的"组态"选项,打开PID_Compact技术对象。选中窗口左边的"高级设置"选项组,在窗口右边设置更多的参数。

① 过程值监视。选中窗口左边的"过程值监视"选项,在右边的"输入监视"区,可以设置输入的上限报警值和下限报警值,如图3-2-9所示,运行时如果输入值超过上限值或低于下限值,指令的输出参数"InputWarning_H"或"InputWarning_L"将变为"1"状态。

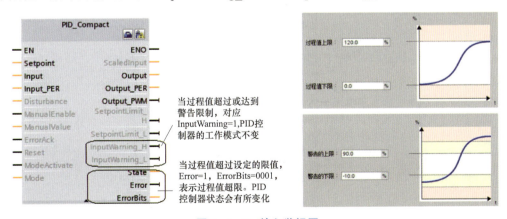

图3-2-9 输入监视区

② PWM限制。选中"PWM限制"选项,在窗口右边的"PWM限制"区中可以设置

PWM 允许为 ON 和 OFF 的最小时间。该设置将会影响指令的输出变量 Output_PWM。PWM 的输出受 PID_Compact 指令的控制，与 CPU 集成的脉冲发生器无关。

③ 输出值限制。选中窗口左边的"输出值限制"选项，在窗口右边的"PID 参数"区，勾选"启用手动输入"复选框，如图 3-2-10 所示，可以手动设置 PID 参数。

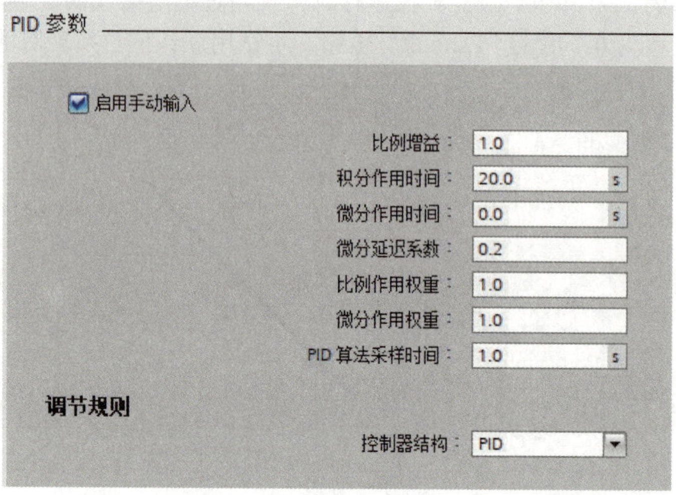

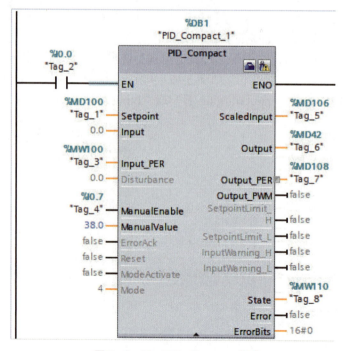

图 3-2-10 手动设置 PID 参数

6) 直接设置 PID 控制器的参数。

除了在 PID_Compact 指令的工艺对象组态窗口和指令下面的巡视窗口中设置 PID_Compact 的参数外，也可以直接输入指令的参数，如图 3-2-11 所示。

图 3-2-11 PID_Compact 指令

PID_Compact 指令的输入参数和输出参数见表 3-2-6 和表 3-2-7。

表 3-2-6 PID_Compact 指令的输入参数

参 数	数据类型	描 述
Setpoint	浮点数	自动模式下的给定值
Input	浮点数	实数类型反馈值
Input_PER	字	整数类型反馈值，可用于连接模拟量外设输入
ManualEnable	位	0 到 1 上升沿，指令设定为手动模式； 1 到 0 下降沿，指令设定为自动模式
ManualValue	浮点数	手动模式下的输出值

表 3-2-7 PID_Compact 指令的输出参数

参 数	数据类型	描 述
ScaledInput	浮点数	当前的输入值
Output	浮点数	实数类型输出值
Output_PER	字	整数类型输出值
Output_PWM	位	PWM 输出
SetpointLimit_H	位	当给定值大于高限时置位报警
SetpointLimit_L	位	当给定值小于低限时置位报警
InputWarning_H	位	当反馈值超过高限报警时置位报警
InputWarning_L	位	当反馈值低于低限报警时置位报警
State	整数	控制器状态：State=0 为未激活模式，State=1 为自调节模式，State=2 为精确调节模式，State=3 为自动模式，State=4 为手动模式
Error	双字	PID 出错报警

4. 硬件选型

恒温的 PID 控制的硬件选型见表 3-2-8。

表 3-2-8 恒温的 PID 控制的硬件选型

名 称	型 号	名 称	型 号
PLC	CPU 1214C DC/DC/DC	固态继电器	MGR-1DD220D 25
模拟量模块	SM1234	投入式液位传感器	MIK-P 260
触摸屏	汇川 IT5104E-J	变频器	MM420
按钮	XB 2-BVB1LC24V	水泵	JET-G 17-37
温度传感器	WRN-130	中间继电器	RXM2LB2BD
加热棒	单头螺纹加热管		

注意事项

用 PID_Compact 指令编写程序，首先要理解 PID 控制的原理，这点非常重要；再者就是要理解指令各参数的含义；要得到令人满意的效果，还要对 P、I、D 三个参数进行调节，这是难点，需要经验的积累；此外，硬件线路的接线正确和变频器参数的设置正确也是非常重要的。

拓展训练

训练 1 恒压力的 PID 控制。

训练 2 恒流量的 PID 控制。

项目三 模拟量与脉冲量及其应用

任务三 步进电动机控制

任务清单

项目名称	任务清单内容
任务情境	为了提高运输精度，部分板材传输带是用步进电动机控制的。在实际应用中，我们怎么应用 PLC 对步进电动机进行精准控制呢？
任务目标	1）掌握步进电动机及其驱动器的工作原理、主要参数及设置，了解它们的主要应用。 2）实现 S7-1200 PLC 对步进电动机驱动系统的运动控制。包括 PLC 对步进电动机的启停控制、正反转控制以及位置和速度控制。
素质目标	培养学生养成认真、细致、踏实的工作作风，能沉下心、静下气，一步步的完成任务，为祖国的建设添砖加瓦。
任务要求	本任务要求实现步进电动机的启停控制、正反转控制，并实现步进电动机的位置、速度控制。 按下启动按钮 SB1，使能控制，按下停止按钮 SB2，复位轴使能；按下正向点动按钮 SB3，系统正向点动运行；按下反转点动按钮 SB4，系统反向点动运行；按下故障复位按钮 SB6，确认报警，复位故障。
任务分组	班级　　　　组号　　　　指导老师 组长　　　　学号 组员 | 姓名 | 学号 | 姓名 | 学号 | |---|---|---|---| | | | | | | | | | | | | | | |
任务准备	**引导问题 1** 简述步进电动机的工作原理：

项目名称	任务清单内容
任务准备	**小提示**：① 了解步进电动机内部结构；② 理解电磁转换；③ 理解电磁力；④ 理解输出角位移和输入脉冲数的关系；⑤ 理解转速与脉冲频率的关系。 **引导问题 2** 步进电动机控制为什么要选择 PTO 运动控制？ _____ _____ _____ **小提示**：步进电动机是由脉冲信号驱动的。 **引导问题 3** 信号类型为什么要选择"脉冲 A 和方向 B"？ _____ _____ _____ **小提示**：运动包括速度和方向。 **引导问题 4** 为什么在驱动器信号的就绪输入中选"TRUE"？ _____ _____ _____ **小提示**：此处"TRUE"表示外部驱动器处于准备就绪状态，随时可以响应 PLC 的控制指令。 **引导问题 5** 在位置限制中为什么要勾选"启用软限位开关"复选框？ _____ _____ _____ **小提示**：在硬件限位开关动作之前停止电动机。

项目名称	任务清单内容
任务实施	**1. 分配 I/O** 根据任务要求，对输入量、输出量进行梳理，完成表 3–3–1。 表 3–3–1　步进电动机控制输入/输出表 | 输入	输出
	| 步进电机运行控制 小提示：① 主动进行控制的按钮为输入；② 步进限位开关也为输入；③ 脉冲信号和方向信号为输出。
任务实施	**2. 连接 PLC 硬件线路** 在图 3–3–1 中完成步进电动机控制 PLC 外部接线。 图 3–3–1　步进电动机控制 PLC 外部接线图 小提示：注意步进电动机接线的注意事项。

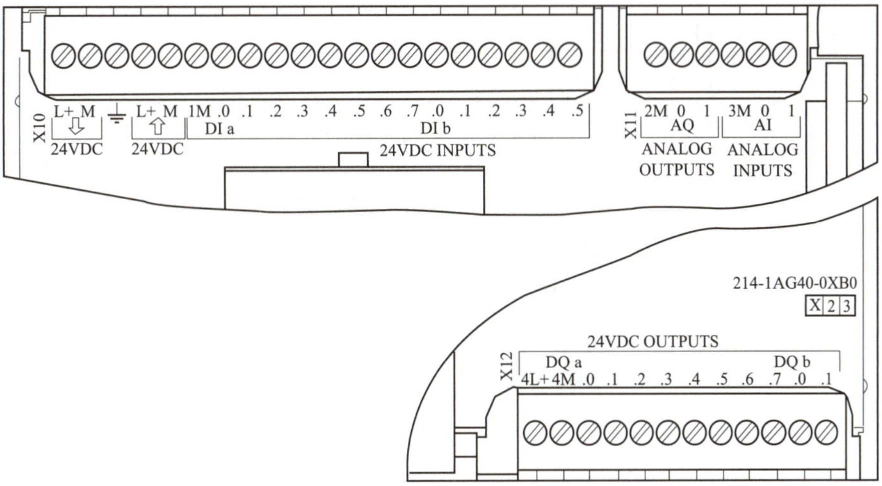

项目名称	任务清单内容
任务实施	**3. 创建工程项目** 小提示：将文件命名为"步进电动机控制"，并将文件存放在特定位置；然后与 PLC 硬件匹配，添加 S7－1200 PLC 中的 CPU 1214C DC/DC/DC，其订货号为 6ES7 214－1AG40－0XB0，版本为 V4.0，然后单击右下角的"添加"按钮进入程序编辑界面。 **4. 填写变量表** 完成表 3－3－2。 表 3－3－2　步进电动机控制 I/O 分配表 | 输入			输出		
---	---	---	---	---	---
名称	数据类型	地址	名称	数据类型	地址
						  小提示：① I/O 点位要和硬件接线 I/O 端子对应起来；② 本任务输入为 I0.0~I1.1，输出为 Q0.0~Q0.1。 **5. 编写梯形图程序** 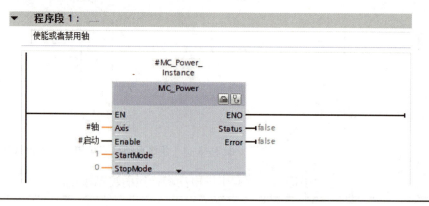

项目名称	任务清单内容
任务实施	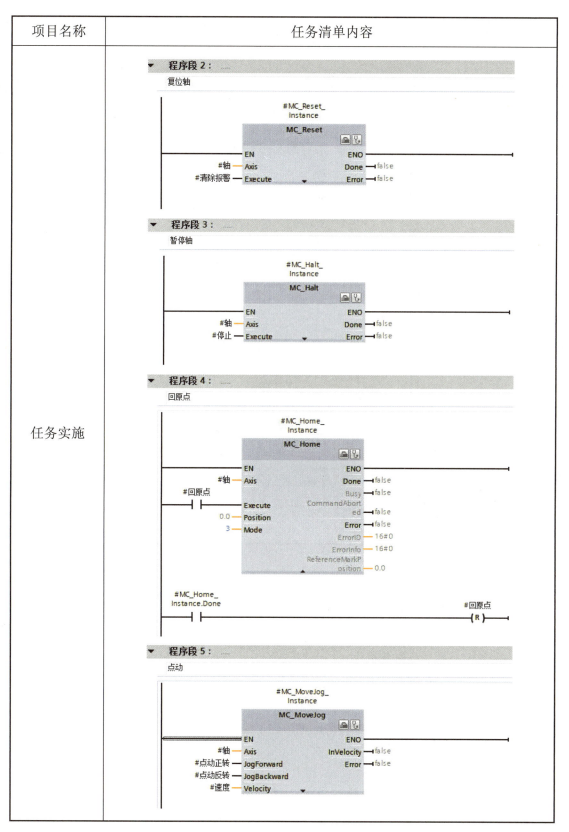

项目名称	任务清单内容
	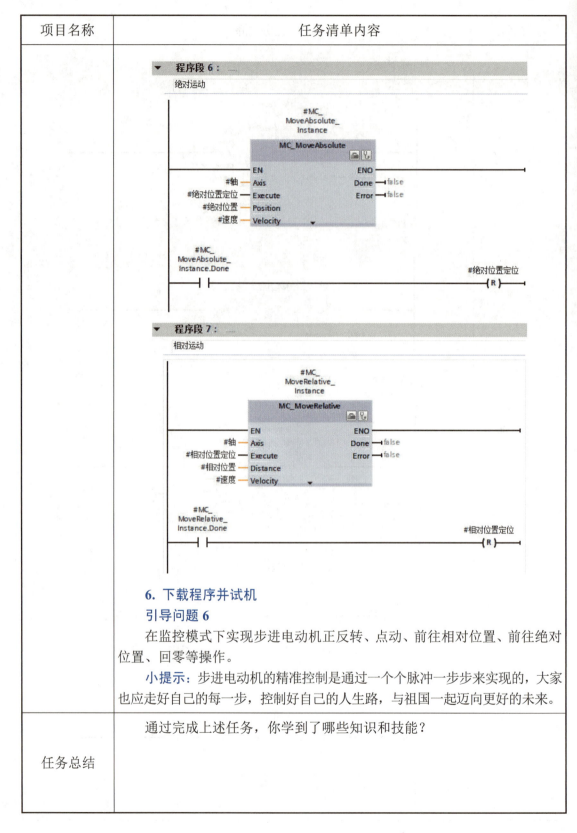 6. 下载程序并试机 **引导问题 6** 在监控模式下实现步进电动机正反转、点动、前往相对位置、前往绝对位置、回零等操作。 **小提示**：步进电动机的精准控制是通过一个个脉冲一步步来实现的，大家也应走好自己的每一步，控制好自己的人生路，与祖国一起迈向更好的未来。
任务总结	通过完成上述任务，你学到了哪些知识和技能？

项目名称	任务清单内容
任务评价	各组代表展示作品,介绍任务的完成过程,并完成评价表 3-3-3～表 3-3-5。 表 3-3-3 学生自评表 班级:　　　姓名:　　　学号: 任务:步进电动机控制 	评价项目	评价标准	分值	得分
---	---	---	---
完成时间	60 分钟满分,每多 10 分钟减 1 分	10	
理论填写	正确率 100%为 20 分	10	
接线规范	操作规范、接线美观正确	20	
技能训练	程序正确编写满分为 20 分	20	
任务创新	是否用另外编程思路完成任务	10	
工作态度	态度端正,无迟到、旷课	10	
职业素养	安全生产、保护环境、爱护设施	20	
合计		100	| 表 3-3-4 学生互评表 任务:步进电动机控制 | 评价项目	分值	等级				评价对象___组
---	---	---	---	---	---	---
计划合理	10	优 10	良 8	中 6	差 4	
方案准确	10	优 10	良 8	中 6	差 4	
团队合作	10	优 10	良 8	中 6	差 4	
组织有序	10	优 10	良 8	中 6	差 4	
工作质量	10	优 10	良 8	中 6	差 4	
工作效率	10	优 10	良 8	中 6	差 4	
工作完整性	10	优 10	良 8	中 6	差 4	
工作规范性	10	优 10	良 8	中 6	差 4	
成果展示	20	优 20	良 16	中 12	差 8	
合计	100						

木业自动化设备 PLC 应用技术

项目名称	任务清单内容
任务评价	表 3-3-5 教师评价表

表 3-3-5 教师评价表

班级：　　　　　　姓名：　　　　　　学号：

任务：步进电机控制

评价项目	评价标准	分值	得分
考勤 10%	无迟到、旷课、早退现象	10	
完成时间	60 分钟满分，每多 10 分钟减 1 分	10	
理论填写	正确率 100% 为 20 分	10	
接线规范	操作规范、接线美观正确	20	
技能训练	程序正确编写满分为 20 分	10	
任务创新	是否用另外编程思路完成任务	10	
协调能力	与小组成员之间合作交流	10	
职业素养	安全生产、保护环境、爱护设施	10	
成果展示	能准确表达、汇报工作成果	10	
合计		100	
综合评价	自评（20%）	小组互评（30%）	教师评价（50%）	综合得分

知识准备

1. 步进电动机的工作原理

步进电动机属于感应电动机，它基于最基本的电磁学原理，将电能转换为机械能。步进电动机的动作原理是利用电子电路，分时供给电动机各相定子绕组直流电源，产生脉动旋转磁场，使步进电动机转子一步一步旋转。步进电动机驱动器就是为步进电动机分时供电的，它是一种时序控制器。

图 3-3-2 所示是三相反应式步进电动机的工作原理。定子铁芯为凸极式，共有三对（六个）磁极，每两个空间相对的磁极上绕有一相控制绕组。转子由软磁性材料制成，也是凸极结构，只有四个齿，齿宽等于定子的极宽。

当 A 相控制绕组通电时，其余两相均不通电，电动机内建立以定子 A 相极为轴线的磁场。由于磁通具有力图走磁阻最小路径的特点，使转子齿 1、3 的轴线与定子 A 相极轴线对齐，如图 3-3-2（a）所示。若 A 相控制绕组断电、B 相控制绕组通电时，转子在反应转矩的作用下，逆时针转过 30°，使转子齿 2、4 的轴线与定子 B 相极轴线对齐，即转子走了一步，如图 3-3-2（b）所示。若在 B 相控制绕组断电、C 相控制绕组通电时，转子逆时针方向又转过30°，使转子齿 1、3 的轴线与定子 C 相极轴线对齐，如图 3-3-2（c）所示。如此按 A→B→C→A 的顺序轮流通电，转子就会一步一步地按逆时针方向转动。其转速取决于各相控制绕组通电与断电的频率，旋转方向则取决于控制绕组轮流通电的顺序。若按 A→C→B→A 的顺序通电，则电动机按顺时针方向转动。

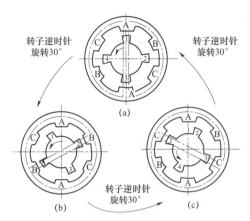

图 3-3-2 三相反应式步进电动机的工作原理
（a）A 相通电；（b）B 相通电；（c）C 相通电

上述通电方式称为三相单三拍方式。"三相"是指三相步进电动机；"单三拍"是指每次只有一相控制绕组通电，控制绕组每改变一次通电状态称为一拍，"三拍"是指改变三次通电状态为一个循环。把每一拍转子转过的角度称为步距角。步进电动机以三相单三拍方式运行时，步距角为 30°。显然，这个角度太大，不能付诸实用。

如果把控制绕组的通电方式改为 A→AB→B→BC→C→CA→A，即一相通电接着两相通电间隔地轮流进行，完成一个循环需要经过六次改变通电状态，则称为三相单、双六拍通电方式。当 A、B 两相绕组同时通电时，转子齿的位置应同时考虑到两对定子极的作用，只有 A 相极和 B 相极对转子齿所产生的磁拉力相平衡的中间位置，才是转子的平衡位置。这样，三相单、双六拍通电方式下转子平衡位置增加了一倍，步距角为 15°。

步进电动机输出的角位移与输入的脉冲数成正比，转速与脉冲频率成正比。改变定子绕组通电的顺序，定子绕组产生的旋转磁场反向，电动机转子就会相应反转。所以控制脉冲数量就能控制步进电动机的运动位置；控制脉冲频率就能控制步进电动机的速度；控制步进电动机各相绕组的通电顺序能控制其旋转方向。

2. S7-1200 PLC 的 PTO 运动控制

（1）S7-1200 PLC 的运动控制方式

S7-1200 PLC 的运动控制根据连接驱动方式不同，可分成以下 3 种控制方式。

① Profidrive 方式：S7-1200 PLC 通过基于 Profibus/Profinet 的 Profidrive 总线通信方式与支持 Profidrive 的驱动器连接，进行运动控制，该方式又称为总线方式。

② PTO 方式：S7-1200 PLC 通过发送 PTO 脉冲的方式控制驱动器。

PTO 方式是目前为止所有版本的 S7-1200 PLC 的 CPU 都支持的控制方式，该控制方式由 CPU 向轴驱动器发送高速脉冲信号（以及方向信号）来控制轴的运行。

PTO 方式是开环控制方式，但是用户可以选择通过编码器，利用 S7-1200 的高速计数功能（HSC）来采集编码器信号得到轴的实际速度或是位置来实现闭环控制，如图3-3-3所示。

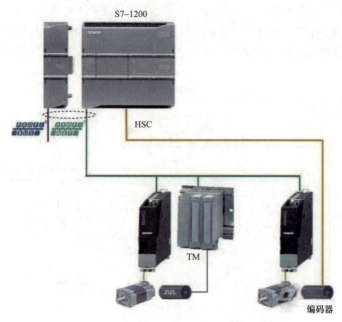

图3-3-3　编码器实现PTO方式的闭环控制

PTO方式也分为很多种，其中最常用的是"脉冲+方向"控制方式。其中PTO脉冲输出A信号用来产生高速脉冲串，方向输出B信号用来控制轴运动的方向。

③ 模拟量方式：S7-1200 PLC通过输出模拟量信号，如0～10 V、4～20 mA信号来控制驱动器。

其中，PTO方式是目前普遍应用的运动控制方式，模拟量方式已逐步淘汰，总线方式是今后发展的趋势方向。

（2）S7-1200运动控制轴资源

开环控制方式下，S7-1200 PLC运动控制轴的资源个数是由S7-1200 PLC硬件能力决定的，不是由单纯地添加I/O扩展模块来扩展的。

S7-1200 PLC目前最大的轴个数为4。其中，CPU 1214C的轴控制资源个数为2，该值不能扩展。如果客户需要控制多个轴，并且在对轴与轴之间的配合动作要求不高的情况下，可以使用多个S7-1200 PLC的CPU，这些CPU之间可以通过以太网的方式进行通信。

3. S7-1200 PLC运动控制组态

（1）S7-1200 PLC运动控制组态步骤

① 在TIA Portal软件中对S7-1200 PLC的CPU进行硬件组态。

② 插入轴工艺对象，设置参数，下载项目。

③ 使用调试面板进行调试。S7-1200 PLC运动控制功能的调试面板是一个重要的调试工具，使用该工具可在编写控制程序前测试轴的硬件组件以及轴的参数是否正确。

④ 调用"工艺"程序进行编程，并调试，最终完成项目的编写。

（2）S7-1200 PLC运动控制硬件组态

本项目以CPU 1214C DC/DC/DC为例进行硬件组态。在TIA Portal软件中将其插入

S7-1200 PLC 的 CPU（晶体管输出类型）中，在"设备视图"中配置 PTO。

① 选中 CPU 的"常规"属性，在"脉冲发生器（PTO/PWM）"选项组下的"PTO1/PWM1"选项中选中"启用该脉冲发生器"复选框，以启用 PTO 脉冲发生器，选择脉冲选项的"信号类型"为"PTO（脉冲 A 和方向 B）"，如图 3-3-4 所示。

图 3-3-4 启用 PTO 脉冲发生器及配置 PTO 脉冲输出方式

S7-1200 PLC 的 PTO 脉冲输出有 4 种方式，分别是脉冲 A 和方向 B、脉冲上升沿 A 和脉冲下降沿 B、A/B 相移、A/B 相移-四倍频。

PTO（脉冲 A 和方向 B）的方式是比较常用的"脉冲+方向"方式，其中脉冲 A 用来产生高速脉冲串，方向 B 用来控制轴运动的方向。

② 在启用 PTO1 脉冲发生器后，指定"PTO1/PWM1"的硬件输出点，即"脉冲输出"和"方向输出"。此处"脉冲输出"选择 Q0.0，"方向输出"选择 Q0.1，如图 3-3-5 所示。

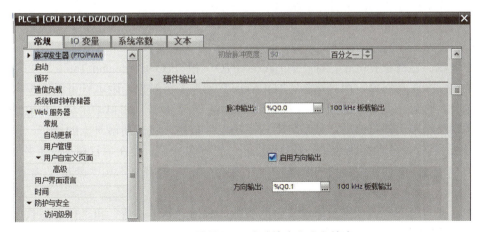

图 3-3-5 配置 PTO 脉冲输出和方向输出

由于采用的是"脉冲+方向"方式，脉冲硬件输出的配置如图 3-3-5 所示。其中，"脉冲输出"点可以根据实际硬件分配情况改成其他晶体管输出点;"方向输出"点也可以根据实际需要修改成其他晶体管输出点。也可以取消勾选"启用方向输出"复选框,这样修改后该控制方式变成了单脉冲,就无法进行方向控制了。

③ PTO1 通道的硬件标识符是软件自动匹配生成的,用户不能修改,此处硬件标识符为"265"。

(3) 组态轴工艺对象

组态轴工艺对象的步骤为添加轴工艺对象、轴工艺对象基本参数组态。

① 添加轴工艺对象:无论是开环控制还是闭环控制方式,每一个轴都需要添加一个轴工艺对象。添加轴工艺对象的步骤如下:

在项目树中,选择"工艺对象"文件夹下的"新增对象"选项,定义轴名称,如图 3-3-6 所示。

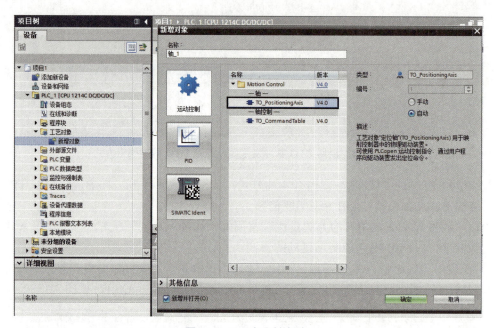

图 3-3-6 定义轴名称

其中,轴工艺对象有两个,即"TO_Axis_PTO"和"TO_Command Table"。每个轴都至少需要插入一个工艺对象。此处选择"TO_Axis_PTO"工艺对象,版本号可以在 V1.0~V5.0 范围内选择,选好工艺对象及版本后,右侧"类型"和"编号"将自动生成,如要修改,在选择"手动"选项后即可修改。最后,单击"确定"按钮,完成新增对象的操作。

② 轴工艺对象基本参数组态:当轴添加了工艺对象之后,会在项目树的"工艺对象"文件夹下的"轴_1"文件夹中新增 3 个选项,分别是"组态""调试"和"诊断",如图 3-3-7 所示。

其中,在"组态"选项下可以设置轴的参数,包括"基本参数"和"扩展参数"。

选择"基本参数"的"常规"参数,在"工艺对象-轴"区中的"轴名称"文本框中输入"轴_1";在"硬件接口"区中选择"脉冲发生器"为"Puse_1","脉冲输出"为"Q0.0","方向输出"为"Q0.1",在测量单位区中根据实际选择合适的长度单位,如图 3-3-7 所示。

图 3-3-7 "组态""调试"和"诊断"选项

③ 轴工艺对象扩展参数组态：如图 3-3-8 所示，"驱动器信号"参数主要用于选择 PLC 与驱动器的握手信号，"使能输出"即 PLC 发送给驱动器的信号，"就绪输入"即驱动器将准备好的信号发给 PLC。

如果在"就绪输入"栏中选择"TRUE"，表示外部驱动器准备就绪的信号不要提供给 PLC，PLC 始终认为外部驱动器一直处于准备就绪的状态，随时可以响应 PLC 发给驱动器的控制命令。

轴工艺对象"机械"参数配置如图 3-3-9 所示，该参数用于设置电动机每转的脉冲数、电动机每转的负载位移。

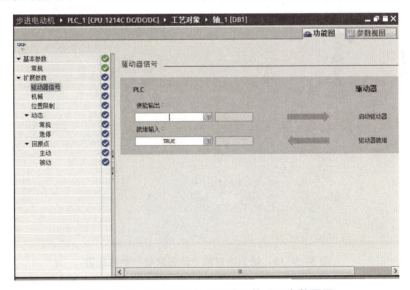

图 3-3-8 轴工艺对象"驱动器信号"参数配置

"位置限制"参数配置如图 3-3-10 所示。勾选"启用硬限位开关"复选框，设置下限位行程开关和上限位行程开关，以及相应的行程开关给 PLC 发送信号的有效电平是高还是低，"选择电平"为"低电平"，表示行程开关的动断触点接入 PLC，信号消失后电平为 0 就意味着碰到了行程开关。

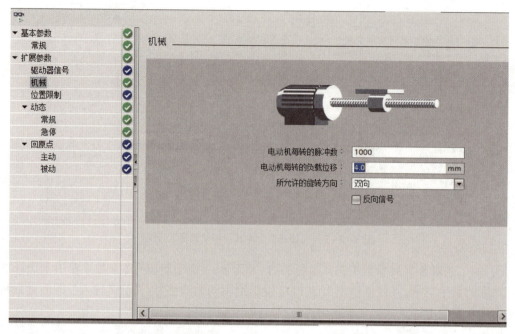

图 3-3-9 轴工艺对象"机械"参数配置

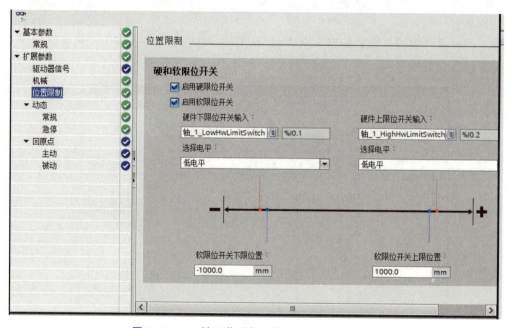

图 3-3-10 轴工艺对象"位置限制"参数配置

勾选"启用软限位开关"复选框,可以分别设置软限位开关的下限值和上限值,这两个软限位值一般要在硬件限位开关范围内,以便在硬件限位开关动作之前停止电动机运行。

"动态"参数组下有"常规"和"急停"两个参数配置如图 3-3-11 所示。

"动态"选项组中的"常规"选项如图 3-3-11 所示。在"速度限值的单位"选项中,可以选择"转/分钟""脉冲/秒"和"毫米/秒"三种类型。

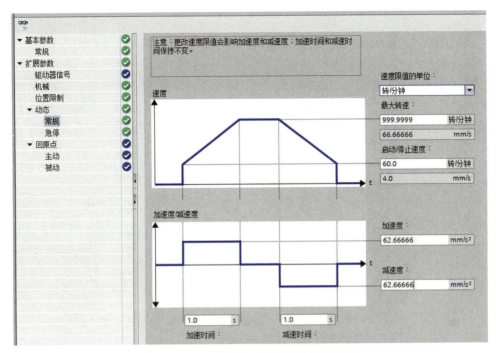

图 3-3-11 轴工艺对象"动态"参数组

"最大转速"参数用于定义电动机的最大运行速度,注意设定"1000 转/分钟"后,软件自动修改为 999.999 9 转/分钟,后面的 66.666 66 mm/s 转速数据由软件自动生成。

在"扩展参数"下的"机械"选项中,用户定义了参数"电动机每转的脉冲数"以及"电动机每转的负载位移",则最大转速为

$$最大转速 = \frac{PTO 输出最大频率 \times 电动机每转的负载位移}{电动机每转的脉冲数} = \frac{100\ 000 \times 4.0}{1\ 000}$$

$$= 400(\text{mm/s})$$

"启动/停止速度"参数用于定义系统运行的启动速度和停止速度。"加速度"和"减速度"参数用于定义系统运行时的加速度(加速时间)、减速度(减速时间)。

"动态"选项组中的"急停"参数用于定义"紧急减速度"或者"急停减速时间"参数,如图 3-3-12 所示。

"回原点"参数组下有"主动"和"被动"两个参数。

在"主动"参数中,设置"返回原点开关"为"I0.0",下面的"选择电平"选项用于设置轴行程撞块碰到原点开关时,该原点开关对应的 DI 点是高电平有效还是低电平有效。此处选择低电平有效,即原点开关采用动断方式接入 PLC,行程撞块没有碰到原点开关时 I0.0 是高电平,碰到原点开关时 I0.0 是低电平。为了安全起见,一般原点开关"选择电平"选项应选择"低电平"。

"回原点方向"设置为正方向,"逼近速度"设置为"20 mm/s","参考速度"选择为"10 mm/s","逼近/回原点方向"选项用于选择回主动原点时轴首先向哪个运动方向运行。

如果勾选"允许硬限位开关处自动反转"复选框,激活该功能后,轴在回原点过程中没有碰到原点开关前,若先碰到硬件行程限位开关,系统会认为原点开关在反方向,立即按照

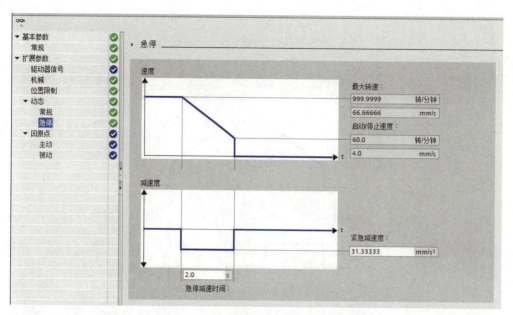

图 3-3-12 轴工艺对象"动态"参数组下的"急停"参数

组态好的减速曲线停止并反转运行去寻找原点开关。如果没有激活该功能,轴在回原点过程中若先碰到硬件行程限位开关,则回原点的过程就会产生错误而终止,系统急停。如果轴在回原点的一个方向上没有碰到原点开关,则需要勾选该复选框,这样轴可以自动调头,向反方向寻找原点开关。

"参考点开关一侧"选项用于设置回原点结束后行程撞块与原点开关的相对位置。"上侧"是指行程撞块刚离开原点开关的瞬间位置,"下侧"指的是行程撞块刚碰到原点开关的瞬间位置。

"逼近速度"是指系统刚开始回原点时的速度,这个速度会一直保持到系统碰到原点开关为止。"参考速度"是指系统碰到原点开关后的速度,这个速度会一直保持到回原点过程结束为止。注意,一般情况下"参考速度"＜"逼近速度"＜最大速度。

"起始位置偏移量"用来设置实际原点位置与期望原点位置的差值。有时因为机械安装位置冲突的问题,期望原点位置无法安装原点开关,就只能在其他位置安装原点开关,导致产生"起始位置偏移量"。

"参考点位置"是指系统保存参考点位置值的变量名称。

轴在运行过程中碰到原点开关,轴的当前位置将被设置为"被动"参数中的回原点位置值。

注意:每个参数页面都有状态标记,提示用户轴参数设置状态。

蓝色勾号✓表示参数配置正确,为系统默认配置,用户没有做修改。

绿色勾号✓表示参数配置正确,不是系统默认配置,用户做过修改。

叉号✗表示参数配置没有完成或是有错误。

感叹号⚠表示参数组态正确,但是有报警,比如只组态了一侧的限位开关。

(4) 轴工艺对象的在线调试

当用户在组态了 S7-1200 PLC 运动控制并把实际的机械及电气硬件设备连接好之后,可以先不着急调用运动控制指令编写程序，而是先用"轴控制面板"来测试 TIA Portal 软件中关于轴的参数和实际硬件设备接线等安装是否正确。

① 开启"轴控制面板"调试功能：如图 3-3-13 所示，每个轴工艺对象都有一个"调试"选项，双击该选项后打开"轴控制面板"对话框，可以在此进行无须 PLC 程序的初步在线调试。

图 3-3-13 轴工艺对象的在线调试

在图 3-3-13 中，单击界面上方"主控制"栏的"激活"按钮，系统弹出警告框，提醒用户注意在线调试的危险性，单击"确定"按钮，进入下一步。系统调试画面进入激活状态后，调试画面自动转入在线监控状态，单击界面上方的"启用"按钮，系统正式进入在线调试控制状态。

界面中，"命令"选项有"点动""定位"和"回原点"三项。"轴状态"指示有"已启用""已归位""就绪""轴错误""驱动装置错误""需要重新启动"共 6 种状态显示，另有"确认"按钮用来确认相关状态信息。在"点动"区中可以进行速度、加速度/减速度设置。在"当前值"区中，可以显示轴的当前位置和当前速度。"错误消息"栏中显示当前状态消息，如有错误时，在此给出错误信息。

② 轴点动调试：选择"命令"为"点动"。为了调试的安全，点动运行时尽量设置低的速度。按下"正向"按钮，这时 PLC 的脉冲输出端口 Q0.0 就有方波脉冲输出，PLC 的方向输出端口 Q0.1 就有方向信号输出，即 Q0.1=1，如果在前面的"机械"参数里勾选"反向信号"复选框，那么此时 Q0.1=0，这时电动机驱动机构按照定义的正向运行。

按下"反向"按钮，这时 PLC 的脉冲输出端口 Q0.0 也同样有方波脉冲输出，PLC 的方向输出端口 Q0.1 就有方向信号输出，即 Q0.1=0。如果在前面的"机械"参数里勾选"反向信号"复选框，那么 Q0.1=1，这时电动机驱动机构按照定义的反向运行。

在正向运行时，当前轴位置的值递增，速度为设置的点动速度；在反向运行时，当前轴位置的值递减，速度为设置的点动速度。

③ 轴定位调试：轴定位调试又分为相对定位和绝对定位。

a. 相对定位。选择"命令"为"定位"，如果系统没有回过原点，则系统只能进行相对定位操作。按下"相对"按钮，轴根据"目标位置/行进路径"栏设定的数值（数值为正即正向运行，数值为负即反向运行）进行恒定速度运行，到达设定的相对目标位置对应的数值时停止运行，轴运行过程中的当前值不断变化，停止时轴的当前值为启动前的位置值与相对目标位置设定值的代数和。

比如，相对目标位置设定值为"-30"，启动前的位置值为"+100"，相对定位动作完成后，当前实际位置值就是100-30=70。

b. 绝对定位。选择"命令"为"定位"，如果系统已经回过原点，就可以进行绝对定位操作。按下"绝对"按钮，轴根据"目标位置/行进路径"栏设定的数值进行恒定速度运行，到达设定的目标位置对应的数值时停止运行，轴运行过程中的当前值不断变化，停止时轴的当前值为目标位置设定值。

绝对定位轴运行时的方向根据目标位置和当前值位置进行比较判断，如果目标位置大于当前值位置，轴正向运行，如果目标位置小于当前值位置，轴反向运行。

轴调试控制面板的绝对定位运行界面类似相对定位运行界面。

④ 回原点调试。选择"命令"为"回原点"，如果单击"设置回原点位置"按钮后，轴并不运行，可直接将"参考点位置"的设置值赋值给当前值。单击"回原点"按钮，轴按照组态时回原点方式开始动作运行，搜索原点开关，到达原点开关后，轴自动停止，同时将"参考点位置"的设置值赋值给当前位置值。

注意事项

1. 步进电动机驱动器与 PLC 的连接

步进电动机通过驱动器驱动后才能运行，那么驱动器与 PLC 是如何连接的呢？步进电动机驱动器的输入信号有脉冲信号正端、脉冲信号负端、方向信号正端和方向信号负端，其连接方式共有 3 种。

① 共阳极方式：把脉冲信号正端和方向信号正端并联后连接至电源的正极性端，脉冲信号接入脉冲信号负端，方向信号接入方向信号负端，电源的负极性端接至 PLC 的电源接入公共端。

② 共阴极方式：把脉冲信号负端和方向信号负端并联后连接至电源的负极性端，脉冲信号接入脉冲信号正端，方向信号接入方向信号正端，电源的正极性端接至 PLC 的电源接入公共端。

③ 差动方式：直接连接。

一般步进电动机驱动器的输入信号的幅值为 TTL 电平，最大为 5 V，如果控制电源为 5 V 则可以接入，否则需要在外部连接限流电阻 R，以保证给驱动器内部光耦元件提供合适的驱动电流。如果控制电源为 12 V，则外接 680 Ω 的电阻；如果控制电源为 24 V，则外接 2 kΩ 的电阻。具体连接可参考步进电动机驱动器的相关操作说明。

2. 步进电动机驱动器的细分

步进电动机驱动器上常设有细分开关，细分有什么作用呢？细分的主要作用是提高步进电动机的精确率，其技术实质上是一种电子阻尼技术，其主要目的是减弱或消除步进电动机的低频振动，提高电动机的运转精度，只是细分技术的一个附带功能。如步进角为 1.8° 的两相混合式步进电动机，如果细分驱动器的细分数设置为 4，那么电动机的运转分辨率为每个脉冲 0.45°，电动机的精度能否达到或接近 0.45°，还取决于细分驱动器的细分电流控制精度等其他因素。不同厂家的细分驱动器精度可能差别很大；细分数越大精度越难控制。步进电动机驱动器常规有三种细分方法：

① 2 的 N 次方，如 2、4、8、16、32、64、128、256 细分。

② 5 的整数倍，如 5、10、20、25、40、50、100、200 细分。

③ 3 的整数倍，如 3、6、9、12、24、48 细分。

拓展训练

训练 1 用常规编程方法（不用跳转指令）实现本任务的控制要求。

训练 2 用循环指令实现 10 的阶乘。

参 考 文 献

[1] 廖常初. S7-1200 PLC 编程及应用 [M]. 3版. 北京：机械工业出版社，2017.
[2] 张文明，蒋正炎. 可编程控制器及网络控制技术 [M]. 2版. 北京：中国铁道出版社，2015.
[3] 西门子（中国）有限公司. 深入浅出西门子 S7-1200 PLC [M]. 北京：北京航空航天大学出版社，2009.
[4] 沈恬. PLC 编程与应用 [M]. 北京：高等教育出版社，2019.
[5] 史宜巧，侍寿永. PLC 应用技术（西门子）[M]. 北京：高等教育出版社，2016.